AF310490

EXPOSITION UNIVERSELLE DE 1867

Les inscriptions suivantes étaient placées sur la façade du pavillon de la Société protectrice des animaux au Champ de Mars :

— *Le juste prend soin de la vie des animaux, mais le méchant est pour eux sans entrailles.*

— *La cruauté envers les animaux rend le cœur insensible aux souffrances des hommes.*

— *Tout ce qui aime a le droit d'être aimé; tout ce qui souffre a un titre à la pitié.*

— *L'homme est le roi des êtres inférieurs, il ne doit pas en être le tyran.*

— *De la brutalité envers l'animal à la cruauté envers l'homme il n'y a de différence que la victime.*

— *Sans la compassion pour les animaux, pas d'éducation complète, pas de cœur vraiment bon.*

— *Dieu ne nous a pas donné deux cœurs, l'un cruel envers les animaux, l'autre bienveillant pour les hommes.*

— *La pitié ne doit cesser que là où cesse la douleur.*

A ces inscriptions nous ajoutons celles-ci :

— *L'humanité envers les animaux conduit à l'humanité envers les hommes.* (BOSSUET.)

— *On doit s'accoutumer de bonne heure à être doux envers les animaux, ne fût-ce que pour faire l'apprentissage de l'humanité à l'égard des hommes.* (PLUTARQUE.)

— *Le lâche qui frappe un animal sans défense, parfois capable de se défendre mais trop bon pour rendre le mal pour le mal; le malheureux qui, ivre de vin et de colère, blesse le serviteur qui le fait vivre, n'est plus un homme, mais une brute.* (ISIDORE GEOFFROY SAINT-HILAIRE.)

— *Le singe, le chat, le cheval, l'âne, le bœuf, le perroquet, l'hyène même et le tigre s'attachent aussi à l'homme en raison des bons traitements qu'ils en reçoivent.* (DESCURET.)

LE MEILLEUR

DE

NOS SERVITEURS

S

IMPRIMERIE EUGÈNE HEUTTE ET Cᵉ, A SAINT GERMAIN.

LE MEILLEUR

DE

NOS SERVITEURS

LE CHEVAL

Comment il doit être traité et gouverné

Son histoire naturelle — Ses travaux et ses souffrances

Son utilité alimentaire

PAR

M. DE BEAUPRÉ

Docteur en droit; Officier d'Académie; Délégué cantonal;
Vice-Président et Lauréat de la Société protectrice des Animaux.

L'homme qui frappe un cheval attaché *est aussi lâche que celui qui insulte à un malheureux.*

(SENTENCE ARABE.)

DEUXIÈME ÉDITION, AVEC GRAVURES

PARIS

AUGUSTE GHIO, ÉDITEUR

41, QUAI DES GRANDS-AUGUSTINS, 41

1874

R.F. BIBLIOTHÈQUE NATIONALE

PRIX

MÉDAILLE D'OR

DE LA

SOCIÉTÉ PROTECTRICE DES ANIMAUX

DE PARIS

DÉCERNÉE EN SÉANCE SOLENNELLE

Le 15 Septembre 1867

Dans le grand amphithéâtre de la Sorbonne.

Paris, le 4 septembre 1867.

A MONSIEUR DE BEAUPRÉ

CHER COLLÈGUE ET AMI,

Votre excellent mémoire a remporté le prix du concours. Je suis, comme tous nos collègues, enchanté du travail qui vous mérite cette distinction d'autant plus honorable qu'elle était plus disputée.

Nul mieux que vous n'a fait un ouvrage à la portée des cochers et des charretiers. Sous une forme simple et attrayante, vous leur enseignez la douceur, et, par des faits bien choisis et des conseils bien sentis, vous les entraînez irrésistiblement vers le but que nous nous proposons d'atteindre.

Je vous écris au moment même où l'on vient de rompre le cachet de votre billet, et je laisse la plume aux membres de la Commission, qui tous veulent vous adresser leurs félicitations.

Votre dévoué collègue,

H. BLATIN, D. M. P.,
Président de la Commission.

FÉLICITATIONS BIEN SINCÈRES DE TOUS

LES MEMBRES DE LA COMMISSION :

BOURGUIN, *Président honoraire.* — P.-B. FOURNIER, *Président* (1868). — L. CRIVELLI, *Vice-Président* (1868). — PRUD'HOMME. — Le Dr A. CARTEAUX. — A. SIBIRE, *Secrétaire général* (1868).

1

C'est surtout aux maîtres, aux patrons, aux entrepreneurs que j'offre ce petit livre, en les engageant à être assez soucieux de leurs intérêts pour exiger de ceux auxquels ils sont obligés de confier leurs chevaux qu'ils en fassent une lecture attentive.

Je souhaite ardemment que les femmes aussi le lisent. Il ne suffit pas que dans l'histoire elles aient à s'enorgueillir de n'avoir jamais inventé un instrument et un engin de douleur ou de destruction ; il faut de plus qu'à l'enfant qui reçoit d'elles sa première leçon elles inspirent, par des sentiments de douceur, une aversion *raisonnée* pour toutes les cruautés inutiles ou préjudiciables auxquelles se livre l'homme ignorant ou désœuvré.

Dans une position modeste, la femme est la première intéressée à ce que l'homme cesse d'être cruel et brutal ; car, ainsi que nous le disait naguère, avec une grande vérité, un des plus hauts fonctionnaires de l'État : LE CHARRETIER QUI FRAPPE SON CHEVAL BAT SA FEMME (1).

(1) Lors de sa visite à l'école d'Alfort (janvier 1872), Don Pedro, empereur du Brésil, répondit à M. Goubaux, le savant

Unissons-nous donc tous pour faire disparaître de nos mœurs ces habitudes honteuses de mauvais traitements envers les animaux, que nous reprochent les étrangers qui viennent visiter la France.

Pensant que c'est surtout par la persuasion qu'on peut ramener à des sentiments durables d'humanité, nous n'avons pas voulu recourir à l'épouvantail des condamnations contenues dans les dossiers judiciaires, d'autant mieux que les punitions suscitent trop souvent des rancunes et des vengeances. Nous rappellerons cependant que les membres de la Société protectrice des animaux sont munis d'une carte, approuvée par l'Autorité, qui leur donne le droit de requérir, des agents de la police municipale, la constatation des contraventions à la loi du 2 Juillet 1850, dite *Loi-Grammont.*

Juillet 1868.

DE BEAUPRÉ.

professeur, qui l'entretenait de la Société protectrice : « En habituant les hommes à être doux envers les animaux, on peut espérer qu'ils le deviendront envers leurs semblables. »

A MES HONORABLES APPROBATEURS.

En publiant cette seconde édition, je regarde
comme un devoir d'offrir mes sincères remercî-
ments à tous ceux qui ont fait à la première le meilleur accueil. Par leurs sympathiques et touchantes
adhésions, ils se sont montrés les coopérateurs de
cette protection intelligente que mérite à tant
d'égards le noble et généreux animal aux indispensables services duquel l'homme doit les progrès de
son activité sociale.

C'est donc avec bonheur que je témoigne ici ma
gratitude aux Sociétés protectrices de Bruxelles, de
Munich, de Neubrandenburg et de Trieste pour le
titre de MEMBRE HONORAIRE qu'elles ont daigné m'ac-
corder (1).

De 1869 à 1872, la Société de Bruxelles a décerné
à ce livre une médaille de vermeil; la Société de
Lyon, la médaille *Perner*; la Société nationale d'en-
couragement au bien de Paris, une médaille d'hon-

(1) Bruxelles, en 1873; Munich, en 1869; Neubrandenburg, en
1872; et Trieste, en 1870.

neur et le jury de l'exposition de Paris également
une médaille d'honneur.

Que mes HONORABLES APPROBATEURS sachent combien ces distinctions me sont d'un grand prix, par
l'autorité qu'elles donnent à mon plaidoyer en faveur du MEILLEUR DE NOS SERVITEURS.

Je remercie tout particulièrement MM. HOFFET,
président de la Société de Lyon et de la Société Vau-
doise, et VAN NEUSS, de Bruxelles, qui, dans leurs remarquables rapports, se sont élevés aux plus hau-
tes considérations de la protection.

C'est avec la plus affectueuse gratitude que j'ai
reçu et mis à profit les excellentes observations que
m'ont faites mes chers et honorables collègues,
MM. GOUBAUX, membre de l'Académie de médecine
et professeur à l'école d'Alfort, et DECROIX, chef du
service vétérinaire de l'armée de Paris.

Je ne saurais aussi me montrer trop reconnaissant
envers les journalistes qui ont aidé à la propagation
des principes de ce petit livre, et tout particulièrement envers M. FÉLIX HÉMENT, inspecteur primaire.

M. le conseiller d'État, PEZET DE CORVAL, vice-président de la Société de Riga, s'est fait le fidèle tra-
ducteur de ce même ouvrage en langues allemande,
lettoise et russe. J'ai été vivement touché du soin
qu'il a donné à ces trois traductions et de la cour-
toisie avec laquelle il me les a communiquées. Aussi
me déclaré-je très flatté et très heureux de savoir

qu'elles ont valu à leur auteur la médaille *Perner*.

Je remercie cordialement le savant et dévoué secrétaire général de la société de Bruxelles, M. Hymans, de l'édition belge dont il a été le promoteur, et de la traduction en flamand qu'il se propose de publier.

Enfin, je comprends dans mes meilleurs souvenirs la Société de Trieste pour l'élégante traduction de mon livre en langue italienne.

Puisse la foi que tous nous devons avoir dans les lois du progrès, du *crescendo* moral, porter les gens de cœur qui regardent la douceur, la justice et la compassion envers les animaux comme la saine expression de la raison humaine, à redoubler d'ardeur et d'efforts, Ils contribueront ainsi à faire disparaître des mœurs populaires les hontes de l'ignorance et de la cruauté dont les hommes sont, en définitive, les fatales victimes.

Paris, 1874.

De Beaupré,

*Vice-Président de la Société
protectrice des animaux.*

LE MEILLEUR

DE

NOS SERVITEURS

LE CHEVAL

COMMENT IL DOIT ÊTRE TRAITÉ ET GOUVERNÉ

Éduquez-moi, mon bon monsieur, en m'amusant.
(CHATEAUBRIAND.)

C'était au mois de mai de l'année 1862 ; je me rendais chez un entrepreneur de mes amis, M. Daubert, qui habite dans un chef-lieu de canton aux environs de Paris. En traversant une place plantée d'arbres, j'aperçus un charretier qui s'efforçait de faire entrer, à reculons, dans une porte cochère un cheval attelé à une voiture chargée de pièces de vin. Malgré ses efforts, le cheval ne pouvait pousser la charrette qui, indépendamment de son poids exagéré, était arrêtée par la bordure du trottoir. Le charretier furieux frappait le pauvre animal

1.

sur la tête avec le manche énorme de son fouet.

Je m'avançai vers cet homme et lui fis observer qu'il s'exposait, par ses mauvais traitements, à être puni d'une amende et même de la prison. Il me répondit brusquement que c'était le moyen qu'il employait d'habitude pour *apprendre aux chevaux à reculer*; et, prenant son fouet à deux mains, ce forcené redoubla ses coups. Bientôt le sang sortit par les naseaux du malheureux animal. Je me récriai d'indignation contre cette sauvagerie. Alors le charretier, abandonnant son cheval, s'élança vers moi et me menaça de *m'en faire autant* si je continuais à m'occuper de ce qui, disait-il, ne me regardait pas. Indignés autant que moi, les passants s'étaient attroupés; la plupart m'offrirent leur témoignage. Je n'avais plus à hésiter: je me dirigeai vers la justice de paix, où je fis ma déclaration.

A quelques jours de là, je fus appelé devant le juge, qui condamna le charretier au *maximum* de la peine; car ce dernier jouissait, dans le pays, d'une réputation de brutalité fort bien établie.

Quelque temps après cet événement, ayant eu occasion de retourner chez mon ami, j'y trouvai le juge de paix. Comme je ne pouvais féliciter un magistrat d'avoir fait son devoir, il me fut du moins bien permis d'applaudir aux paroles éloquentes et persuasives qu'il avait adressées au charretier le jour de l'audience, devant un public vivement impressionné.

— Tous mes collègues, me dit le juge de paix, comprennent l'importance de la Loi-Grammont et l'appliquent avec conviction, non-seulement en vue de l'humanité, mais aussi dans l'intérêt des propriétaires d'animaux.

Puis il m'apprit qu'Auzon (1) (c'était le nom du charretier) éprouvait un préjudice considérable de sa condamnation. En effet, il avait été congédié aussitôt par son patron, et depuis, il ne pouvait trouver d'ouvrage que très-difficilement.

— A sa femme, ajouta-t-il, incombe aujourd'hui la charge de soutenir son mari et son petit garçon par un travail au-dessus de ses forces.

Profondément affligé de cette détresse dont j'étais la trop juste cause, je me rendis à la demeure d'Auzon. Je trouvai la femme seule. Lorsque je me fis connaître à elle :

— Ah ! monsieur, que vous nous avez causé de chagrins ! Nous avons été obligés de payer des frais pour nous considérables. Pendant que mon mari était en prison (2), il n'a pu gagner d'argent, et, aujourd'hui, personne ne veut plus lui confier de charrois.

(1) L'histoire d'Auzon est vraie. Deux autres anecdotes presque identiques m'ont été racontées l'an dernier ; ce qui prouve que les *actes* des charretiers tournent toujours dans le même cercle... vicieux.

(2) La loi du 2 juillet 1850, dite Loi-Grammont, punit d'une amende de cinq à quinze francs et d'un à cinq jours de prison ceux qui auront exercé publiquement et abusivement de mauvais traitements envers les animaux domestiques.

— Il m'est possible de réparer tout ce désastre...
et si votre mari se laisse guider par de meilleurs
sentiments, je vous promets que l'aisance et le bonheur reviendront bientôt dans votre maison. Pour-
rais-je le voir ?

— Je vais le quérir : il est près d'ici... chez le
marchand de vin.

Dans ce moment, le charretier entra. En me
voyant il resta d'abord comme pétrifié... Puis, ses
yeux s'injectèrent de sang, et ses bras se raidirent
pour m'exprimer sa haine.

La femme, prévoyant un orage terrible, se mit
entre nous.

— Monsieur, lui dit-elle vivement, vient tout
exprès pour nous être utile.

— Lui ?

— Oui, moi. Consentez, mon ami, à m'écouter
avec calme, sans rancune, et vous me tendrez bientôt la main. Je sais que, par suite de notre rencontre,
vous vous trouvez dans la gêne... Je vous apporte
donc une petite somme à titre de prêt. Vous me la
rendrez quand vous le pourrez, et vous le pourrez
quand vous le voudrez ; car je vous procurerai une
excellente place ; mais à une condition...

Ainsi que je l'avais prévu, Auzon me tendit la
main en souriant. En cet instant, le petit garçon
rentra de l'école, et, tout surpris de voir son père
un sourire sur les lèvres, courut l'embrasser sans
crainte.

— J'accepte votre condition que je devine, fit Auzon. C'est celle, n'est-ce pas, de ne plus battre les bêtes, mais au contraire de les traiter, comme a dit M. le juge de paix , *en frères inférieurs?*

— En effet, c'est là tout ce que j'exige de vous. Tenez, Auzon, faites un retour sur vous-même, et convenez franchement que la brutalité ne vous a jamais porté profit.

— Comment le savez-vous?

— Eh ! mon Dieu, par l'expérience de tous les jours qui prouve que la brutalité est comme la colère, la conseillère la plus aveugle, la plus violente et trop souvent la plus nuisible.

— C'est vrai, répliqua Auzon. Quand j'étais à l'âge de mon garçon, je n'avais pas de plus grand plaisir que de faire claquer mon fouet et d'en cingler tous les animaux que je rencontrais, surtout les chevaux. Plus tard, lorsque l'administration des omnibus me confia un cheval de volée pour gravir les côtes, j'achetai le plus gros fouet que je pus trouver et j'y fis quatre ou cinq nœuds...

— Et plus les chevaux faisaient d'efforts pour tirer , plus vous les frappiez.

— Eh, mon Dieu, oui! Un jour, un monsieur qui était sur l'impériale me fit des observations... Je lui répondis des sottises et continuai à fouailler mon cheval. Le lendemain, sur un rapport qu'avait fait ce monsieur à l'administration , je fus mis à pied.

Oh! alors, je résolus de me venger... sur le cheval ; et dès que j'eus repris mon service, je recommençai de plus belle. Malheureusement un autre voyageur porta une plainte, et je fus définitivement renvoyé !

— Cette leçon aurait dû vous profiter.

— Vous voyez bien que non, puisque, grâce à vous, j'ai fini par la prison.

— Mais dans l'intervalle ?...

— Oh! ce qui s'est passé dans l'intervalle n'étant connu que de moi, je n'en rendrai compte à personne ; seulement, je dirai que jamais charretier n'a eu la main plus exercée que votre serviteur. C'est peut-être ça qui a fait que je n'ai pu rester longtemps dans la même place.

Cette demi-confidence me fit voir que j'avais devant moi un de ces caractères féroces que l'opinion publique relègue au bas de l'échelle sociale. Cependant, je ne perdis pas l'espoir de le faire renoncer à son odieux passé, en me disant : Une conversion est toujours un triomphe pour une noble cause !

— Puisque vous reconnaissez que votre cruauté a semé autour de vous bien des chagrins, bien des douleurs, et que toujours elle vous a été préjudiciable, ne pensez-vous pas qu'il y aurait folie à ne pas vous laisser conduire par des sentiments tout à fait opposés ?

— Ah! mon ami, fit sa femme dont les yeux

brillaient de larmes d'espérance, promets à monsieur de faire ce qu'il te conseille. Nous serons bien plus heureux !... et ton garçon...

L'enfant se jeta au cou de son père, en lui disant:

— Papa, tu ne nous battras plus, maman et moi... et je te jure que je ne frapperai jamais les chevaux avec le fouet que tu m'as donné. Puis il alla le chercher, en brisa le manche et en coupa la corde par morceaux.

J'embrassai l'enfant et lui glissai dans la main une pièce d'argent pour *fonder* une tirelire.

— J'ai l'intention, Auzon, de vous faire entrer chez M. Daubert: c'est mon meilleur ami... Vous savez que ses chantiers sont immenses...

— M. Daubert me connaît, interrompit Auzon. Plusieurs fois il m'a reproché mes emportements envers mes chevaux... Oh! jamais il ne voudra m'accepter.

— Les hommes qui se repentent sincèrement, deviennent quelquefois les meilleurs. Entre nous, Auzon, la barbarie est cette cruauté qui provient du défaut d'instruction et d'éducation. Chez vous, je crois qu'elle est seulement le résultat de l'irréflexion. C'est pourquoi, je vais vous faire un petit code des devoirs de ceux qui sont chargés de soigner et de conduire les animaux, et plus particulièrement les chevaux. Je vous le commenterai, c'est-à-dire que je vous l'expliquerai par des exemples et des considérations qui, en se gravant dans votre mémoire, vous rappelleront sans cesse que la cruauté est, d'un côté, une lâcheté, et, de l'autre, une ineptie par suite des dommages qu'elle cause.

En disant ces derniers mots avec une certaine autorité, je quittai Auzon et retournai raconter à Daubert et au juge de paix le résultat de ma visite chez le charretier. Mon ami me félicita des bonnes dispositions que j'avais inspirées à cet homme; mais il refusa de l'employer dans ses exploitations.

— Tous mes travailleurs, me dit Daubert, ont d'excellents antécédents. Lorsqu'ils entrent chez moi, ils prennent l'engagement de ne traiter mes chevaux et *les leurs* qu'avec la plus grande douceur. Vous voyez que je suis loin d'approuver ceux de mes confrères qui exigent une somme déterminée de travaux, sans s'inquiéter de la somme de fatigues et de douleurs que la première procure aux chevaux. La plupart de mes charretiers ne se servent pas de fouet; ils excitent l'ardeur de ces excellents animaux de la voix et du geste, et les chevaux comprennent, avec une rare intelligence, qu'ils sont associés à nos travaux et qu'ils nous doivent, selon l'expression de Buffon, leurs services en échange des soins que nous leur donnons. Arrière donc ces hommes barbares qui, dans l'insanité de leur pauvre esprit, s'imaginent que les animaux sont de simples machines dont les ressorts ne peuvent être mis en mouvement qu'au moyen de coups incessants, tandis qu'en réalité ces tyrans pratiquent l'énervation de nos utiles serviteurs par la douleur et le découragement. Ces hommes m'inspirent une horreur indicible. Ils abaissent le caractère national et nous attirent une réprobation générale de la part des étrangers qui expriment hautement leur indignation lorsqu'ils sont témoins des cruautés qu'exercent les charretiers dans notre France, où, à bien des titres pourtant, brille le flambeau de la civilisation. On a pensé que l'invention des forces motrices de la vapeur diminuerait les souffrances des chevaux. C'est une erreur. Plus ces forces multiplieront les rapports industriels et commerciaux, plus les tractions *de détail*, c'est-à-dire de petites communications, en se multipliant elles-mêmes, nécessiteront l'emploi des chevaux. Il faut donc, pour l'honneur et l'intérêt de l'humanité, que ce *noble ami*, selon l'expression de nos grands poëtes, soit d'autant plus protégé qu'il est appelé à nous rendre de plus nombreux services. C'est une loi de compassion, de justice qu'on ne saurait transgresser sans mériter un châtiment sévère. Si je repousse Auzon c'est qu'il s'enivre et que, par conséquent, sa conversion ne serait que de courte durée. D'un charretier de sa trempe

Chassez le naturel il revient au galop.

— Mais, dit le juge de paix, il a une femme et un enfant qui ne sont pas complices de ses fautes.

Et puis, le mauvais naturel ne revient pas lorsqu'il est chassé par de bons exemples, par de sages avis et surtout par l'intérêt personnel bien démontré. Si l'occasion, monsieur Daubert, vous est donnée de dépouiller Auzon du *vieil homme*, acceptez-la. J'ai puni au nom de la loi, je demande grâce au nom de cette humanité dont nous lui reprochons d'avoir méconnu les préceptes.

— Eh bien ! répliqua Daubert, donnez-moi quelques jours de réflexion.

De retour chez moi, je formulai, à tout événement, le petit code que j'avais promis à Auzon. Je venais de le terminer, lorsque je reçus une lettre par laquelle Daubert m'engageait à me rendre près de lui. Le lendemain de mon arrivée, je l'accompagnai dans la visite qu'il avait coutume de faire, dès le matin, à ses carrières de plâtre. Il me fit remarquer qu'un ouvrier était uniquement employé à combler les ornières et à entretenir dans le meilleur état les routes qui conduisaient au port d'embarquement. Puis il me chargea de rechercher les moyens les plus propres à faciliter la sortie des voitures chargées, soit des carrières, soit des diverses excavations, par exemple celles pratiquées pour les fondements des édifices (1). Je le lui promis.

(1) En 1874, la Société protectrice de Hambourg a proposé un prix de 625 francs pour l'indication d'un procédé qui, étant de nature à pouvoir être employé sur tous les terrains à bâtir, épargnerait aux chevaux ces efforts excessifs et suprêmes

— Combien je suis attristé, me dit-il, quand je pense que tous ces travaux merveilleux qui s'exécutent dans les grands centres sont le théâtre des plus effroyables cruautés! Des ornières profondes et inégales sur des terrains inclinés ou sur des pentes presque escarpées, qu'on laisse se creuser de plus en plus, dans un sol détrempé par les pluies, rendent impraticables les chemins que les malheureux chevaux sont obligés de gravir souvent sans renfort, mais accablés de coups, avec des charges qui seraient exagérées même sur une surface plane. Tout cela se passe sous les yeux de chefs, de maîtres qui feignent de ne pas voir, ou qui sont cuirassés contre les maux et les douleurs qu'ils n'éprouvent pas. Pourtant, d'où viendront les nobles enseignements s'ils n'émanent de ceux qui commandent? Quand je vois toute cette vile et inepte férocité qui s'exerce à l'envi, sans obstacle, et dans les chantiers publics, et dans les chantiers privés, je me prends à regretter de n'avoir pas une autorité quelconque, et je souffre d'être réduit à l'impuissance. C'est plus qu'une faute, alors que retentissent partout ces mots *instruction* et *éducation du peuple*, de laisser survivre toutes les turpitudes de la barbarie envers les animaux domestiques, et de permettre que le cheval, qui de tous nous rend le plus de services, soit le plus maltraité.

qu'on n'obtient que par l'emploi barbare du fouet. — Il est étrange que ce procédé soit encore un problème.

Rappelons-nous ces paroles de Pythagore :
« Sans les lois qui nous punissent, nous traiterions
nos semblables avec la même ingratitude et la
même cruauté que les animaux ! » (1)

Tout en devisant ainsi, nous arrivâmes près de
l'entrée des plâtrières. Une lourde voiture en sor-
tait traînée par de magnifiques chevaux qui l'em-
portaient sans efforts apparents.

Le charretier, qui les guidait sans fouet et sans
bruit, en nous voyant les fit arrêter d'un mot prononcé doucement, et après nous avoir salués avec
respect, vint à moi en me disant :

— Ah ! monsieur, que je suis heureux de vous
offrir aujourd'hui toute ma reconnaissance et celle
de ma famille. M. Daubert a consenti à me prendre
sur votre recommandation.

— Eh bien ! Auzon, il vous faut maintenant,
lui dis-je en le frappant sur l'épaule, faire oublier
le passé et devenir le modèle des charretiers. Pour
que cette tâche vous soit plus facile, je vous ai fait
le petit code en question ; le voici ; suivez-le réli-
gieusement, et vous...

— Un code, interrompit Daubert, en me le pre-

(1) Feu le docteur BLATIN, vice-président de la Société protectrice, a consacré cinq chapitres de son remarquable ouvrage
intitulé : *Nos cruautés envers les animaux*, au MARTYROLOGE
DU CHEVAL. Ce livre devrait être entre les mains de tous...
Les émotions pénibles qu'il fait naître, en nous indignant
contre nous-mêmes, finiront par nous ouvrir les yeux et nous
rendre meilleurs.

nant des mains ! Pourquoi faire?... Mais c'est une idée, ajouta-t-il après l'avoir parcouru ; j'entends qu'il soit lu à tous mes gens, et pas plus tard que demain dimanche, je les rassemblerai, à cet effet, dans la salle du grand pavillon.

— Et moi, mon cher Daubert, je discourrai sur chaque article.

Effectivement, le personnel de l'exploitation, auquel s'étaient joints les domestiques de la maison et plusieurs cochers et charretiers étrangers, se réunit le lendemain au lieu indiqué. Je vis avec plaisir que la plupart d'entre eux avaient amené leurs enfants.

Daubert, après avoir, en quelques mots bien sentis, rappelé que l'objet de la réunion était de FAIRE BIEN COMPRENDRE AUX COCHERS ET AUX CHARRE-TIERS QU'ILS ONT TOUT INTÉRÊT A ÊTRE HUMAINS ENVERS LES ANIMAUX (1), déclara qu'il donnerait chaque année, à pareille époque, une prime de deux cents francs et une médaille d'argent à celui qui se serait distingué par des soins intelligents et de bons traitements envers les chevaux. Il promit, en outre, quatre médailles de bronze à ceux qui s'approcheraient le plus du premier prix.

L'annonce de ce concours, auquel étaient admis tous les cochers et charretiers du pays, fut accueillie avec une joie vivement exprimée.

(1) Expressions textuelles du concours de 1867, proposé par la Société protectrice des animaux.

Puis Daubert lut deux fois l'article premier du Code, ainsi conçu :

ARTICLE PREMIER

Les cochers et les charretiers doivent regarder comme un devoir essentiel, alors que tout le monde cherche à s'instruire, d'apprendre les principes d'hygiène qui concernent les animaux qu'ils sont chargés de soigner et de conduire. Ils ne doivent jamais s'enivrer.

— Nous allons, dans une simple causerie, disserter sur les articles qui vont vous être lus par M. Daubert. Je les ferai imprimer et vous les distribuerai prochainement.

N'êtes-vous pas persuadés, mes amis, que c'est l'ignorance qui rend cruel ? Vous ne vous blesserez pas si je vous dis, sans ambages, que le charretier est généralement regardé comme le type de l'homme brutal et grossier. Il semble que la civilisation l'ait oublié et qu'il soit resté le dépositaire de la barbarie des premiers âges. Et pourtant, il lui serait bien facile, avec un peu d'amour-propre et de dignité, de racheter cette déplorable réputation. Il lui suffirait de réfléchir que, du moment où l'expérience prouve que les mauvais traitements abrègent et détruisent les forces des animaux, et qu'au contraire les soins et les ménagements nous en conservent l'usage et la propriété utiles , il n'y a pas à balancer entre la cruauté et la douceur.

Il serait temps d'effacer de nos mœurs cette étrange contradiction qui consiste à livrer sans merci le plus doux, le plus *attentif*, le plus laborieux, en un mot le plus parfait des animaux, à des hommes qu'on regarde généralement comme les plus ineptes et les plus ignorants, et qu'en présence de leur brutalité on ne craint pas de qualifier de *forçats du fouet*.

Dans tous les métiers, dans tous les états, un apprentissage est nécessaire. Mais on est charretier dès qu'on fait claquer un fouet sans relâche, dès qu'on fouette les chevaux sans trêve et sans raison, dès qu'on crie et jure après eux à tue-tête, dès qu'on tire les guides de manière à leur détraquer la mâchoire, enfin dès qu'on excède la mesure de leurs forces jusqu'à les faire *crever* ; car l'expression *faire crever un cheval* à la course ou au travail est consacrée dans le domaine de la cruauté.

Eh ! pourquoi donc les charretiers et les cochers ne seraient-ils pas tenus d'apprendre à soigner, à conduire les chevaux, et surtout à les traiter avec douceur et humanité ? Pourquoi dans les écoles primaires ne donnerait-on pas cet enseignement qui est de première utilité, et qui touche de si près à la morale ? Oh ! alors nous pourrions bientôt saluer la réhabilitation du charretier.

Sans doute, il existe bien en France quelques

écoles de dressage ; mais. elles ne sont pas assez nombreuses. Il faudrait les multiplier surtout dans les grands centres de population où les chevaux sont soumis à de rudes travaux (1). Nous citerons celle de Séez, près d'Alençon (Orne). L'ordre qui règne dans cet établissement n'a d'égal que celui qui est exigé dans le haras du Pin, son puissant voisin.

« Ces écoles ont pour but le dressage des jeunes chevaux d'attelage à deux ou quatre, ainsi qu'au tilbury. On y donne des leçons de guide, et on y fait des cours d'attelage aux palefreniers et aux apprentis. Rien de ce qui a trait à la bonne tenue des écuries et des hommes n'est négligé. En un mot on y forme les sujets aux saines doctrines hippiques, et à la connaisance théorique et pratique du cheval. »

Vous me saurez gré, j'en suis certain, de vous faire connaître les principales dispositions du règlement de l'école de Séez ; elles seront pour vous d'un intérêt réel parce que vous y puiserez des notions pratiques que vous pourrez mettre à profit en les prenant pour règle de conduite.

« ARTICLE 5. — Tous les samedis le chef palefrenier emploiera les hommes pendant l'après-mi-

(1) Tel est le vœu d'un homme fort compétent en cette matière, M. BEILLARD, auteur de *l'art de bien conduire, mener et soigner les chevaux.*

di, à faire tomber les araignées, à nettoyer les croi-
sées, les mangeoires, les râteliers, etc.

« ARTICLE 6. — Les pieds des chevaux seront
graissés les mercredi et samedi de chaque se-
maine. »

« ARTICLE 9. — A partir du 1er avril, le service a
lieu comme il suit :

« 5 heures du matin : réveil, levée des pailles,
pansage, distribution de la ration de foin, faire
boire, avoine.

« 7 heures : Travail à la selle et à la guide.

« 10 heures et demie : fin des exercices, pansage complet, litière du jour, troisième avoine,
distribution du deuxième tiers de foin.

« 2 heures : exercice à la guide et à la selle.

« 5 heures et demie : fin des exercices, pansage, faire boire, troisième avoine, marche, distribution du troisième tiers de foin, mélangé avec de la paille, litière pour la nuit.

« ARTICLE 10. — (Cet article comprend le service d'hiver qui se fait une heure plus tard que celui d'été.)

« ARTICLE 11. — Chaque fois qu'un cheval arrivera des exercices, il sera séché complétement, et le chef palefrenier ainsi que les autres fonctionnaires veilleront de la façon la plus rigoureuse à ce que les soins les plus complets soient donnés aux chevaux dans ces circonstances ; que le cheval soit en transpiration ou non, il doit être bouchonné afin d'activer les fonctions de la peau et de réagir contre l'arrêt de circulation dû à l'immobilité de l'écurie succédant à l'activité du travail. Après ces premiers soins, les chevaux en box ne seront pas attachés ; ils resteront en liberté, afin qu'ils puissent se rouler à leur aise et ne pas se refroidir. Les hommes de garde veilleront surtout, en ces moments, à ce que les couvertures ne tombent pas. L'aération répétée et complète des écuries est recommandée d'une façon toute spéciale : tous les employés doivent savoir et comprendre que l'air pur est la plus sérieuse condition de santé, et que, dans les écuries, les émanations ammoniacales des fumiers tendent sans cesse à vicier l'air qui doit être, pour ce motif, renouvelé plusieurs fois par jour. C'est un soin essentiel auquel il faut veiller avec la plus sévère exactitude.

« ARTICLE 12. — Lorsque les chevaux sortiront, on devra les conduire avec *le plus grand ménagement et la plus grande douceur*. Les hommes s'abstiendront de *tout acte de violence* sur les chevaux. »

« ARTICLE 15. — Le chef palefrenier exercera une active surveillance sur le personnel. Cet agent doit veiller à ce que toutes les moindres parties du service se fassent convenablement ; il doit exiger *le plus grand calme* et *la plus grande douceur* avec les chevaux. »

Quel contraste nous présentent l'ordre et la tenue de ces établissements où la science et la raison dominent, avec les actes de brutalité et d'ineptie dont nous sommes journellement témoins sur la voie publique ! Combien ils doivent souffrir les |malheureux chevaux qui ont été élevés dans les écoles de dressage, quand ils se trouvent guidés par des mains inhabiles et cruelles qui les épuisent à force de douleurs et d'efforts suprêmes !.

On se demande en effet comment il y a des hommes assez stupides pour ahurir pendant des journées entières, par des cris inarticulés et par des claquements continuels du fouet, cet animal qui comprend si bien la parole la plus douce et le geste le plus simple, et qui se montre si confiant et si ardent, lorsqu'on le flatte et l'encourage ?

Voyez, dans les cirques, ce cheval qui, au signe le plus léger, à la voix la plus brève, exécute tous les mouvements qu'on exige de lui, même ceux les plus contraires à sa nature. Certes, il y a bien peu de gens, parmi ceux qui les mènent brutalement, qui seraient capables de la même élégance, de la même promptitude, de la même précision dans les exercices d'adresse, et peut-être de la même intelligence. Convenez avec moi que le cheval bien dressé efface l'homme qui semble n'être qu'un accessoire. Cet animal est si beau, si élégant, si souple qu'il concentre toute l'attention, toute l'admiration des spectateurs.

Toutefois, je me plais à reconnaître qu'il se trouve des cochers et des charretiers qui font exception à la règle générale.

Ainsi dernièrement un de mes parents ayant à faire un voyage me pria de l'accompagner. Il prit sa voiture ; son cocher nous conduisit.

— Il y a longtemps, lui dis-je, que François (c'était le nom du cocher) est à votre service?

— Depuis trente ans. C'est un homme excellent; il traite ses chevaux avec une douceur admirable. Vous allez voir bientôt avec quels soins il les gouverne.

En effet, lorsque nous nous arrêtâmes dans un village pour déjeuner, je vis François nettoyer tout d'abord la tête de ses chevaux couverte de poussière (car la chaleur était extrême) avec de l'eau dans laquelle il avait mis un peu de vinaigre ; ensuite il visita les colliers pour s'assurer qu'ils ne les blessaient pas, et enfin il souleva chaque pied.

— Que faites-vous là? lui demandai-je.

— Comme une partie de la route est empierrée, j'examine si quelque caillou ne serait point entré dans l'intérieur du sabot. C'est un endroit très-sensible parce que les veines et les nerfs y aboutissent. S'il y avait près d'ici un cours d'eau j'irais mouiller les membres de mes chevaux jusqu'au ventre. Cela leur ferait le plus grand bien ; car une marche forcée échauffe le pied, qui se dilate, et comme la ferrure arrête la souplesse de la corne, il en résulte pour les chevaux des souffrances et quelquefois des maladies difficiles à guérir.

— Vous ne frappez jamais vos chevaux, François?

— Battre un cheval, s'écria-t-il, pour une faute que souvent nous lui avons fait faire et qu'il ne comprend pas, c'est manquer de justice, et le battre dans son écurie, pour une faute ancienne dont il ne peut plus se souvenir, c'est manquer de raison.

— Et si vos chevaux avaient peur, est-ce que vous les corrigeriez ?

— Oh ! non, me répondit-il ; au contraire, je les rassurerais en leur parlant et en les flattant. Le cheval ne s'effraye que parce qu'il se croit menacé, mais il reprend confiance dès qu'il reçoit des caresses de son maître. J'ai vu dernièrement un

2.

cocher fouailler avec colère un jeune cheval qui se montrait effrayé du bruit et de l'approche d'une locomotive. C'était évidemment confirmer le pauvre animal dans l'effroi qu'il éprouvait. Un accident était imminent. Je me portai vivement auprès du cheval, je le flattai d'une main et de l'autre je lui donnai un morceau de sucre. Il comprit le calme de ma voix et s'apaisa aussitôt. C'est que, continua François, j'ai coutume, lorsque je dois monter en selle ou sur mon siége, de gratifier mes chevaux de quelques morceaux de sucre ou de pain. Ces petites *douceurs* les disposent à la gaieté et à la soumission, j'oserai même dire qu'elles les portent à s'associer avec plaisir à nos travaux. J'ai horreur de ces hommes qui donnent le signal du départ avec des coups de fouet : c'est le découragement, c'est l'affaiblissement par la douleur.

— François, n'êtes-vous pas indigné d'entendre les charretiers *frappeurs* répondre aux personnes qui leur reprochent leurs cruautés : « Mon cheval m'a manqué, je le corrige. » Cette phrase toute faite est généralement prononcée d'un ton superbe et d'un air de stupide satisfaction.

— Ah ! monsieur, me répondit-il, en haussant les épaules, les parents qui frappent leurs jeunes enfants pour ne pas se donner la peine de leur enseigner ce qu'ils doivent faire ou ne pas faire, ne sont pas mieux inspirés : ils ne forment que des brutes à leur image.

Ensuite, pour répondre à mes questions, François entra dans des détails que je vous donnerai
pendant le cours de cette causerie.

Il ne faut pas croire que les mauvais traitements
consistent uniquement à frapper ou à blesser les
animaux : ils résultent, sans contredit, du défaut
de soins. Ainsi, le fait de leur donner une mau-

vaise nourriture, de les laisser endurer la faim, la
soif, de les exposer longtemps et sans nécessité
immobiles à un froid excessif ou à un soleil brû-
lant, est compris dans les mauvais traitements (1).

(1) La cour de cassation a décidé que « le fait de laisser
un cheval passer la nuit à la porte d'une auberge sans nourri-

J'ajouterai, mes chers amis, que je ne passe jamais devant les endroits où stationnent les voitures de place sans me demander si l'autorité ne devrait pas obliger les compagnies et les entrepreneurs d'abriter leurs malheureux chevaux. Ne serait-il pas convenable, en effet, d'établir sur de légères colonnes de fer un auvent mobile qui s'élèverait et s'abaisserait à volonté, afin de les garantir, selon la saison, de la neige, des pluies battantes et des ardeurs du soleil? Les cochers eux-mêmes y trouveraient un refuge favorable. Ces abris, qui n'encombreraient pas la voie publique plus que les kiosques des surveillants, auraient en outre l'avantage d'empêcher que les chevaux n'aient les pieds dans les glaces ou les neiges pendant des heures entières. La civilisation ne sera une vérité que quand l'homme fera servir les forces de son intelligence, non pas à accabler tous les êtres créés de maux et de destructions, mais à prévenir ou à soulager leurs souffrances.

Je n'ai pas besoin de vous dire, mes amis, qu'il est essentiel de bien nourrir les chevaux et de proportionner exactement l'alimentation de ces *moteurs animés* (1) à la quantité de travail exigé d'eux. M. Henry Bouley a établi depuis longtemps que la manifestation spontanée de la morve qui décime

ture, constitue une contravention punissable par la Loi-Grammont. » (Arrêt du 2 juin 1872.)

(1) M. A. Sanson, *les Moteurs animés et les machines.* 1873.

les chevaux est uniquement due au travail excessif, c'est-à-dire à une dépense prolongée de force,
non compensée par une nourriture suffisante.

Je n'ose pas vous dire, mes amis, qu'il se trouve
quelquefois des cochers et des charretiers assez vils
pour spéculer sur la nourriture des chevaux. Les
uns vendent l'avoine que les maîtres leur confient;
d'autres gardent l'argent destiné à l'acheter : quelques-uns s'entendent avec des fournisseurs (aussi
méprisables qu'eux) pour que ces industriels livrent
des quantités de fourrages moindres que celles
portées sur les factures. Fournisseurs et cochers se
partagent ensuite la différence du prix. Ces divers
abus de confiance, qui sont aggravés par une insigne
inhumanité, sont punis par la loi avec d'autant
plus de sévérité qu'ils sont commis par des domestiques ou par des hommes de service à gages (1).
Pour déjouer ces coupables manœuvres il faudrait
que les propriétaires missent leur nom et leur
adresse sur leurs voitures d'une *manière très-appa-
rente*. Les plaques réglementaires sont souvent difficiles à lire quand les charretiers n'empêchent pas
d'en approcher.

Sans entrer dans des détails qui nous condui-
raient trop loin, je vous ferai remarquer de nouveau que les animaux domestiques ont, autant que
ceux qui sont en liberté, besoin d'air et de lumière,

(1) L'article 408 du Code pénal porte la peine de la réclusion.

et qu'il n'y a que la routine et l'impéritie qui puissent les en priver dans leur habitation, et les laisser, par spéculation, sur de vieux fumiers dégageant des exhalaisons méphitiques. C'est que, voyez-vous, l'aération est indispensable au jeu régulier des fonctions vitales et aux conditions de bien-être et de santé, qui sont les mêmes que chez l'homme, dont le cheval se rapproche beaucoup par son organisation.

— Vous savez, fit Daubert, comment sont construites mes écuries. Les fosses à fumier en sont assez éloignées, et, au moyen d'un drainage souterrain, les eaux de vidange s'écoulent dans ces fosses. La propreté est autant qu'à l'homme nécessaire aux animaux, surtout au cheval, qui, par nature, est de tous le plus propre et le plus sain. Sans doute, tout le monde ne peut avoir des écuries aussi bien établies, mais chacun peut du moins observer dans la sienne les principales règles d'hygiène.

Il est incontestable que c'est au défaut d'aération, à la température humide des écuries, aux courants d'air et à la malpropreté qu'entretiennent la paresse ou les préjugés des cultivateurs, qu'il faut attribuer les terribles épizooties qui sévissent sur les animaux. Chez le cheval, le charbon, la morve, le scorbut, les hydropisies n'ont pas d'autres causes.

Je regrette de ne pouvoir vous faire ici le tableau

des maux et des misères que produit l'ivrognerie. Toutefois, je constaterai que ce sont généralement les hommes abrutis par cette funeste habitude qui maltraitent leurs chevaux. Si leur odieuse brutalité ne s'explique que par l'ivrognerie, il est du devoir de tout propriétaire de ne jamais confier ses chevaux à des cochers ou à des charretiers adonnés à ce vice.

Voulez-vous que je vous fasse connaître en quelques mots l'horreur que les ivrognes inspiraient anciennement ? La première fois, on les détenait prisonniers *au pain et à l'eau;* la seconde on les *battait de verges* ou du *fouet dans la prison;* la troisième, on les *fustigeait publiquement;* enfin, s'ils étaient incorrigibles, on les punissait *d'amputation d'oreilles, d'infamie* et *de bannissement* (1).

Sous François II, il était défendu d'aller boire et manger au cabaret, sous peine d'être *attaché par le cou à un poteau élevé à cet effet dans un carrefour* (2).

Au xviiie siècle, on n'excusait pas l'homme qui avait commis une mauvaise action étant ivre. Son état seul était considéré comme un crime : du moment où il avait consenti, ou du moins s'était exposé à perdre la raison, c'en était assez pour qu'il fût condamné (3).

La loi que le pouvoir législatif vient d'édicter

(1) Édit de François Ier, août 1536.
(2) Ordonnance de 1560, art. 25.
(3) Denisart, *Jurisprudence,* t. Ier, page 751. Année 1757.

contre *l'ivresse publique* (1) est bien moins sévère que celles que je viens de citer. Et cependant, les liqueurs alcooliques et surtout l'absinthe, qui causent des désastres beaucoup plus funestes que l'ivresse du vin, étaient alors inconnues.

Je lis l'article deux.

Art. II.

Le charretier doit proportionner le chargement aux forces de l'animal et tenir compte de la longueur du trajet, des inconvénients des saisons, de l'état des routes, de la difficulté des côtes et des descentes. Il aura soin d'équilibrer la charge de manière qu'elle n'accable ni n'enlève le limonier.

— Mes amis, repris-je, tout charretier intelligent et soucieux de ses propres intérêts ou de ceux de son maître, devra régler les exigences du travail sur cette donnée que la plupart des conditions dans lesquelles le travail de l'homme doit s'accomplir s'appliquent aux différents animaux employés dans l'industrie. Ainsi, le meilleur moyen de tirer

(1) Cette loi (23 janvier 1873) est composée de 13 articles dont le premier est ainsi conçu. « Seront punis d'une amende de un à cinq francs inclusivement ceux qui seront trouvés en état d'ivresse manifeste dans les rues, chemins, places, cafés, cabarets ou autres lieux publics. »

le plus grand parti possible des forces du cheval, c'est de multiplier les temps d'arrêt et de mettre de la régularité dans l'exécution de chaque période d'efforts. Il est certain qu'à fatigue égale, un cheval peut, comme l'homme, dépenser une somme plus considérable de force pendant dix heures avec des intervalles de repos, qu'en six heures avec moins de temps de repos. Un poëte de l'antiquité a dit :

> Otiare quò meliùs labores.
> *Reposez-vous pour mieux travailler.*

Si, en effet, nous observons l'homme dans ses travaux les plus pénibles, nous le voyons obligé de s'arrêter et de se reposer souvent, de mesurer et d'essayer ses forces. Le cheval, au contraire, qui ne peut exprimer ce qu'il ressent, est contraint par la violence au delà du possible. On le ménage moins qu'une machine dont la puissance est déterminée et jamais outre-passée afin de ne la pas briser. Mais le charretier ne calcule rien : il exige, il frappe, il use, il détruit... S'il voulait comprendre que les forces organiques de l'animal ont des bornes, il les conserverait en ne s'en servant qu'avec sagesse, c'est-à-dire avec humanité.

Les coups de fouet donnés tantôt à l'un, tantôt à l'autre des chevaux d'un attelage ont pour fâcheux résultat de leur faire faire, à tour de rôle, des efforts séparés et individuels , et , par conséquent., de les empêcher de tirer ensemble avec ce même élan et ce même accord qui sont indispensables pour compléter leurs forces de traction. Mais le limonier a droit à des égards et à des ménagements particuliers. Sa tâche est non-seulement la plus pénible, mais elle devient souvent une torture qui l'use vite. Il lui faut maintenir l'équilibre de la charrette; si la charge est trop en avant, elle l'écrase, elle le brise; si elle porte en arrière de l'essieu, elle l'enlève en lui comprimant la poitrine. Dans cette alternative incessante de souffrances, n'exigez pas qu'il tire... c'est bien assez que, dans les descentes, il soit exposé à retenir seul tout le poids du défectueux véhicule. Ne le frappez donc jamais : rassurez-le, au contraire, guidez-le avec adresse et surtout prenez garde que les autres che-vaux n'ajoutent à ses angoisses, en tirant inutile-ment quand le sol est incliné.

Les charrettes à deux roues devraient être sup-primées, parce qu'elles offrent les plus graves inconvénients (1). Voyez ces grosses voitures qui transportent d'énormes blocs de pierre ; ne vous

(1) De même que le cabriolet, voiture à *deux roues*, a com-plétement cessé d'être en usage, de même on a le droit d'espé-rer du bon sens des cultivateurs et des entrepreneurs de trans-ports, la suppression définitive des charrettes à deux roues. Dans ceux de nos départements où l'instruction primaire a fait le plus de progrès, on ne se sert plus que de *chariots* ou *voi-tures* à quatre roues.

semble-t-il pas, dans les descentes, que les reins du malheureux limonier qui se ploient affreusement, vont se briser?... Ah! s'il pouvait parler , il vous dirait combien il souffre, frappé pendant des journées entières , sans trêve ni repos!... il vous dirait que la fatigue, l'épuisement, la douleur et le découragement lui conseillent de se laisser abattre... C'est ce qui arrive souvent. S'il n'est pas tout à fait mort, le charretier, aidé d'officieux stupides, le frappe à coups redoublés pour le faire relever. On a vu des hommes se servir de pierres!... de couteaux!... Passons, mes amis, à un autre article.

J'entendis un murmure parmi l'auditoire ; et un cocher s'écria : « Ça fait du mal, rien que d'y penser. C'est de la férocité ! »

Art. III.

Il est essentiel que le cocher et le charretier se fassent une règle d'aimer leurs chevaux, de s'en faire aimer et comprendre. Ils doivent les animer sans brusqueries, les encourager sans vociférations, et les guider sans saccades.

— Pourquoi, en effet, n'aimerions-nous pas un être qui est susceptible d'attachement ; qui de tous les animaux est le plus beau, le plus intelligent ; qui nous rend le plus de services et nous procure le plus d'agréments? Nous n'avons pas besoin des naturalistes pour savoir qu'il se laisse mener docilement, qu'il se plaît et s'excite au travail, et que souvent, comme a dit Buffon, *il meurt pour mieux obéir*. Nous le voyons à l'œuvre tous les jours, dans les cirques, les hippodromes, les chantiers, les fermes, sur les routes, sur les champs de bataille. Sans lui, l'homme aurait-il pu accomplir tous les prodiges de la civilisation ? évidemment non. Mais lui, qui ne reçoit, en échange de son indispensabilité, qu'un long martyre, quel besoin a-t-il de l'homme pour vivre ? aucun. Cela est si vrai, qu'au milieu des steppes de l'Asie et des savanes de l'Amérique, il bondit dans tout le développement de ses belles formes, et dans toute l'énergie de la liberté dont il est le symbole. En l'asservissant pour notre utilité, cessons donc de le faire souffrir, toujours souffrir ; si ce n'est par reconnaissance que ce soit du moins dans nos intérêts ; car il est reconnu que, sous la pression de l'homme, le cheval vit, en moyenne, moitié moins de temps qu'à l'état sauvage. Encore un coup, c'est que les douleurs sont destructives des forces morales et physiques !

— Bravo ! s'écria Daubert.

Et les applaudissements de mes auditeurs me firent voir que j'avais conquis à notre plus précieux serviteur les sympathies qu'il mérite à tant d'égards.

— Devant toutes ces qualités, pourquoi se livrer

à des vociférations et à des hurlements qu'aucun animal ne pousse aussi désagréablement? Pourquoi s'emporter en imprécations interminables qui donnent raison à ce triste proverbe : *jurer comme un charretier*. Ne devrait-on pas comprendre que tout ce bruit de voix et de fouet scandalise les passants et ahurit les chevaux ?

Dans plusieurs contrées de l'Europe, le fouet est défendu. Chez nous, il est en honneur ; les plus jeunes enfants s'exercent à le faire claquer ; c'est ainsi qu'ils se familiarisent avec cette cruauté qu'ils portent partout. Il importe de remarquer que les cochers ne se servent que de fouets assez *légers*, tandis que les charretiers emploient des fouets dont le manche énorme et dont la corde ou le cuir garnis de nœuds trèss-aillants sont des instruments contondants (1) au premier titre. Quelle est la conséquence à tirer de cette odieuse pratique des charretiers? c'est que l'usage généralisé de ces fouets, auxquels ils ajoutent divers raffinements de *supplice*, semble autoriser implicitement les chargements excessifs, et, partant, les mauvais traitements. En effet, il faut, pour que les malheureux chevaux puissent enlever et traîner ces fardeaux disproportionnés à leur force, qu'ils s'agitent convulsivement dans des efforts extrêmes obtenus par des douleurs inouïes et par un redou-

(1) Dont le coup fait contusion.

blement de cruautés qui s'accroît au fur et à mesure qu'il les énerve.

Si le fouet doit être toléré, que, du moins, il ne soit jamais un instrument de supplice et d'énervation; mais seulement un moyen de réveiller le courage et de stimuler l'obéissance de l'animal, plutôt par le claquement que par le coup, qui ne doit être donné qu'à la dernière extrémité.

Le fouet des charretiers tel qu'il est confectionné est le stigmate permanent d'une primitive et stérile barbarie.

Les claquements du fouet, pendant la nuit, doivent être considérés comme bruits ou tapages nocturnes, et pendant le jour, comme bruits ou tapages injurieux troublant la tranquillité des habitants (1).

Au bruit et à l'ébranlement des maisons que causent les lourdes voitures, les charretiers joignent des cris ou plutôt des hurlements qui, mêlés aux coups de fouet sans cesse répétés, s'augmentent dans le silence de la nuit, et, semblables à des détonations d'armes à feu, interrompent le sommeil et le repos des habitants. Il est certain qu'en multipliant ces bruits sans discontinuation, les charretiers, si justement nommés les fanfarons du fouet et les tyrans de la rue, se font un malin plaisir de troubler le calme des localités où ils passent. Sous

____

(1) Article 479, n° 8, et 480, n° 5, du Code pénal.

ce rapport, les charretiers vidangeurs ne gardent aucune mesure.

Pendant le jour, le claquement du fouet est un bruit injurieux, non pas seulement pour quelques personnes isolées, mais pour tous ceux qu'habitent ou circulent dans les endroits que parcourent les charretiers. Au fait physique d'atteindre les passants avec le fouet, ce qui n'est pas rare (1), ils ajoutent le spectacle d'une odieuse barbarie qui froisse, qui outrage ceux, — et c'est l'immense majorité, — qu'animent des sentiments d'humanité, de justice et de compassion. Pourquoi est-il donc loisible à quelques individus déraisonnables, d'une part, d'accabler de brutalités et de douleurs le plus généreux des animaux, et, de l'autre, de surexciter, chez des hommes de cœur, une poignante indignation ?

Des règlements défendent de sonner du cor dans les rues, de faire des charivaris, etc. On exige des précautions pour prévenir le bruit strident des métaux transportés sur des camions : certes, les tapages nocturnes ou injurieux produits par les

---

(1) L'ordonnance de police du 24 décembre 1857, rappelée par celle du 31 mai 1866, détermine, article 36, la dimension des fouets, et « interdit aux cochers de les faire *claquer* ou de les *agiter de manière à atteindre les passants.* »

Le troisième alinéa de l'article 38 est ainsi conçu : « Il est fait expresse défense aux cochers, sous les peines portées par la loi du 2 juillet 1850, de maltraiter abusivement leurs chevaux. »

charretiers dépassent, en gravité, tous ceux que la loi a voulu prévenir.

Que le charretier exerce donc son état comme tout le monde, avec une activité calme et une patience énergique, et il sera aussi honorable, aussi estimé que tout autre. Tant vaut l'homme, tant vaut le métier.

Art. IV.

Les cochers et les charretiers ne doivent jamais frapper leurs chevaux par surprise pour les faire partir. Avant de donner le coup de fouet, il faut, sauf le cas d'encombrement, avertir l'animal, s'assurer s'il a compris l'avertissement, et ne le châtier, dans de justes limites, qu'autant qu'il fait preuve de mauvaise volonté.

— Remarquez-vous ce charretier qui s'est arrêté au cabaret, laissant son cheval à la pluie, au froid ou au soleil? Il n'a même pas eu l'attention de mettre la chambrière pour soutenir le brancard trop pesant. Le cheval, immobile, s'est alourdi dans un demi-sommeil, sous le poids d'un attirail inutile, d'un collier énorme et d'un harnachement compliqué. Lorsque ce charretier juge à propos de se remettre en route, il lance à tour de bras de vigoureux coups de fouet, accompagnés d'effroyables jurements. Quelquefois les coups sont donnés

parce que le cheval·hennit, ou parce qu'il remue,
ou parce qu'il tourne la tête, tourmenté sans doute
par des mouches. Il n'est pas rare de voir des
charretiers qui, pour bien préparer les chevaux à
tirer, commencent par leur *administrer* une volée
de coups de fouet. Et mieux encore, ils se réunis-
sent plusieurs pour cette exécrable préparation.
Lorsqu'un pauvre cheval fait un faux pas, souvent
par la mauvaise direction que lui imprime le
cocher, ou qu'il tombe sur les genoux, ou qu'il
s'abat, au lieu de soulagements, il reçoit une grêle
de coups.

Ne pensez-vous pas, comme moi, mes amis, qu'il
est temps de mettre un terme à ce dévergondage
de mœurs barbares?

Je vais vous donner quelques conseils pour les
cas où les chevaux font des chutes. Ces conseils,
je les tiens moi·même d'un praticien dont le talent
et l'expérience ont la plus grande autorité (1).

Si c'est un cheval de selle qui s'abat, il faut que
le cavalier l'aide à se relever en lui soutenant la
tête au moyen de la bride et en l'empêchant ainsi
de se la frapper contre le sol durci ou contre les
pavés. Il peut se faire que le cheval tombe dans
une cavité et que le corps se trouve plus bas que
les membres. Dans ce cas, il est prudent de niveler

_____

(1) M. LEBLANC, vétérinaire, membre de l'Académie de médecine et vice-président de la Société protectrice des animaux.

le terrain en comblant la cavité, afin que l'animal puisse prendre pied sans faire des efforts qui pourraient lui causer des lésions extrêmement graves.

Lorsque c'est un cheval attelé aux limons qui tombe, le premier soin d'un guide bien entendu doit être de maintenir avec la bride la tête de l'animal sur le sol, pour prévenir l'agitation excessive des membres. Puis il détache promptement les traits et la dossière, déboucle les courroies de la sous-ventrière et ouvre le collier. Dès que le harnachement est enlevé, le charretier s'empresse, secondé par les assistants qui font rarement défaut, « de dégager le cheval des limons, soit en le déplaçant, soit en reculant la voiture, soit en la soulevant; » alors et sans le frapper il l'excite de la voix et l'aide à se relever, en lui soutenant la tête, comme je vous l'ai déjà dit.

Ces chutes n'arrivent pas sans que les chevaux soient plus ou moins grièvement blessés. C'est alors au charretier ou au cocher de se transformer en infirmier compatissant, adroit et intelligent. Il arrêtera le sang en serrant fortement la blessure avec un mouchoir ou avec des sangles, voire même avec des lanières.

Il serait prévoyant d'avoir toujours des linges et des cordes sous la main, surtout lorsque la saison ou l'état des chemins offrent des dangers.

J'ajouterai qu'il sera d'un bon cœur de caresser

l'animal souffrant pour le consoler et pour ranimer son courage plutôt que de le frapper odieusement pour le punir d'accidents dont il n'est pas la cause, mais dont il est la première victime.

Art. V.

Les charretiers s'abstiendront toujours de frapper le cheval de trait quand il tire ardemment. Dans tous les cas, ils doivent s'interdire, de la manière la plus formelle, de se servir du manche du fouet et de faire des nœuds à la corde.

— C'est le comble de la stupidité de frapper un cheval dont les muscles sont tendus par de vigoureux efforts. On arrive tout simplement à l'énerver et par conséquent à le ruiner.

Nous pouvons juger par le cheval de luxe des souffrances inouïes qu'endure le cheval de trait. Que la mèche du fouet effleure légèrement le premier, tout son corps frémit convulsivement. Quant au second, on a calculé qu'il reçoit par jour, en moyenne, de quatre à cinq cents coups de fouets noueux dont le claquement seul est insupportable. Puis, quand il devient vieux, on l'accable d'autant plus que ses forces, en diminuant peu à peu, le réduisent à rendre moins de services. Oh! quand nous sommes vieux, nous... n'éprouvons-nous pas des fatigues et des impuissances de toute sorte qui nous réduisent à l'inaction!... Croyez-vous donc que la vieillesse du cheval, causée par un travail constamment au-dessus de ses forces et par les plus mauvais traitements, n'est pas une décrépitude prématurée digne d'un peu de compassion!!

Ce n'est pas seulement le manche du fouet qu'il est défendu d'employer; tout instrument qui peut occasionner des contusions doit être sévèrement prohibé. Lorsqu'on mène les chevaux chez le maréchal ferrant, il faut les flatter et leur parler avec bonté. C'est de cette manière qu'on les traite en Angleterre; aussi se laissent-ils ferrer docilement : il n'est jamais besoin de les attacher. En France, c'est tout le contraire, le maréchal vocifère contre eux, les frappe à coups de marteau ou de tenailles, à coups de pieds, etc. Ah! si le pauvre animal sans cesse brutalisé pouvait parler, comme il aurait droit de dire à l'homme : « Tu me frappes « pour me faire rester immobile ; tu me frappes « pour me faire avancer; tu es bien le satyre de la « fable qui souffle le chaud et le froid. »

Puisque je vous ai conduit chez le *Vulcain ferrant,* je vais vous dire quelques mots de la ferrure .

Le pied du cheval est constitué de parties vivantes que protége une boîte de corne appelée *sabot.* Le dessous du pied, formé d'une plaque de corne légèrement voûtée et désignée sous le nom de *sole,* est échancré en arrière pour recevoir une sorte de coin saillant, divisé en deux branches et nommé *fourchette*. La portion de corne qui se continue avec la peau et enveloppe circulairement toute la surface du pied se nomme *muraille*.

La corne qui se renouvelle peu à peu par la croissance et l'usure, n'a pas une dureté suffisante pour résister à la marche du cheval sur les routes pavées ou macadamisées ; il est donc nécessaire de la protéger par un *fer* cloué au bord inférieur de la muraille.

Ce fer s'opposant à l'usure de la corne, et celle-ci croissant de 7 à 8 millimètres environ par mois, le pied acquiert une longueur compromettante pour la marche et la solidité de l'animal. On remédie à cet inconvénient, en renouvelant la ferrure et en coupant l'excédant de corne tous les 40 à 50 jours et même plus souvent chez les chevaux dont les fers sont usés avant ce laps de temps.

Un maréchal intelligent ne doit pas toucher à la fourchette ; il ne coupera que le bord inférieur de la muraille et la partie extérieure de la sole, pour ramener le pied à la longueur normale. Le fer doit être plat, horizontal et non incliné en dedans. Toutefois, on le relève un peu à la partie antérieure. Il est posé seulement sur le bord inférieur de la muraille dans lequel on implante les clous qui doivent sortir à un ou deux centimètres de hauteur.

Le fer sera de la grandeur du pied , excepté en arrière où il débordera de 4 ou 5 millimètres. Les maréchaux maladroits font souvent le fer trop petit en avant et râpent les parties de la corne qui débordent. C'est là une pratique mauvaise. Quelques coups de râpe sont permis seulement pour enlever les inégalités qui peuvent se trouver au-dessous de la sortie des clous.

Au reste , non-seulement le maréchal ferrant doit connaître la structure anatomique du cheval et les principes de médecine vétérinaire, mais il doit encore apporter à l'art de la ferrure une attention et des perfectionnements dont les hommes ignorants en cette matière sont loin d'apprécier les difficultés. En Écosse, une loi spéciale punit le maréchal qui, par sa faute, blesse un cheval.

Je vous ai parlé tout à l'heure de l'extrême sensibilité des chevaux de luxe. Cela me conduit tout naturellement à vous signaler une pratique absurde que les cochers parisiens ont la manie d'infliger à leurs chevaux. Je veux parler de l'*enrênement*. Savez-vous en quoi il consiste ? A rattacher le mors à la sellette d'attelage au moyen d'une double rêne plus ou moins tendue. Les cochers prétendent qu'avec ce procédé on fait relever la tête des chevaux, ce qui leur donne plus de grâce. Mais aux yeux des véritables connaisseurs, c'est un effet disgracieux qui se produit : l'enrênement déforme

l'encolure du cheval et lui enlève l'harmonie générale de l'attitude et des mouvements du corps.
Ils prétendent aussi que c'est un moyen prompt
et facile d'appareiller les chevaux lorsqu'on les
achète. Voilà encore une méthode abusive. En effet,
il faut bien peu de temps pour que deux chevaux
attelés ensemble arrivent à porter également la
tête. Ils ne manquent jamais de *camarader* des
naseaux lorsqu'ils sont libres, et leur encolure
s'égalise tout naturellement. Enfin, ils affirment
que l'enrênement empêche les chevaux de butter.
Cette prétention est une troisième erreur. Il est,
au contraire, évident que l'animal qui est gêné
dans toute flexion de l'encolure, ne peut ni voir
devant lui, ni découvrir et éviter les obstacles de
nature à le faire butter et tomber.

L'enrênement a un autre inconvénient ; il impose
une contraction de l'épine dorsale à son origine ;
il irrite, par là, l'ensemble du système nerveux et
prédispose, surtout les chevaux de sang, à se débat-
tre, à ruer, à s'emporter au moindre incident qui
survient (1). Joint à l'immobilité d'un long station-
nement, l'enrênement peut déterminer un cheval
vigoureux à prendre le mors aux dents.

Les Arabes, si habiles à tirer parti de leurs chevaux, parce qu'ils en font une étude de leur vie
entière, comprennent que pour marcher aisément

(1) *L'Enrênement,* par M. Anselme PÉTÉTIN.

et employer toute sa force , ce généreux animal doit avoir l'entière liberté de la tête : aussi laissent-ils flotter les rênes, même lorsqu'ils le lancent au galop (1).

J'affirme qu'il n'y a pas , pour le cheval, de position plus fatigante, plus inutile, je dirai surtout plus douloureuse que celle qui lui est faite par cette fâcheuse coutume. Il s'use certainement plus vite à rester en place sous cette contrainte qu'à travailler péniblement, mais la tête libre.

Si les propriétaires étaient soucieux du bien-être de leurs chevaux , ils ne permettraient pas qu'on les soumette à cette torture. Il est incontestable que l'enrênement, qui est presque toujours excessif, les fait cruellement souffrir, et que, dès lors , il devrait être considéré comme un mauvais traitement punissable par la Loi-Grammont.

Vous connaissez les œillères? Elles se composent de deux morceaux de cuir très-durs fixés à la partie supérieure de la bride, afin de garantir les yeux des coups de fouet et d'assujettir les chevaux à regarder en face et non de côté.

Cette définition fort exacte , est la condamnation des charretiers qui ont l'odieuse habitude de frapper leurs chevaux sur la tête. Ne vous paraît-il pas étrange que cette coupable pratique soit pré-

(1) Voyez, à ce sujet, *l'Étude du cheval*, par M. RICHARD (du Cantal), page 137, 5e édition, 1874.

vue et regardée comme usuelle? C'est une contradiction insènsée.

Je vous ferai remarquer qu'il n'y a que les chevaux de trait et de bât qui ont le triste privilége
d'être *protégés* par cet appendice génant et disgracieux. Il n'existe ni pour les chevaux du train de
l'armée, ni pour la vaillante *cavalerie* des omnibus
qui fait l'admiration des étrangers, ni pour les
chevaux de main et de voitures légères, tels que
coupé, cabriolet, etc.

Je vous dirai, avec le savant professeur M. Goubaux : (1) « N'oubliez pas que les chevaux qui portent des œillères ne peuvent voir ni le charretier ni
ses gestes. Il résulte de ce manque de communications entre eux et le charretier que la plupart
du temps ils n'obéissent pas du tout ou font l'opposé de ce que celui-ci leur ordonne d'exécuter. »
De là, les coups dont les charretiers impatients,
ineptes et violents accablent leurs chevaux, oubliant
qu'ils devraient, au contraire, les ménager d'autant
plus qu'ils sont assujettis à de plus pénibles travaux.

Il est donc évident que les œillères doivent être
à jamais supprimées, ne fût-ce que pour l'honneur des charretiers.

Je vous ferai remarquer, mes chers amis, que
l'ouvrier qui a un cheval pour transporter ses pro-

(1) *Des Inconvénients des œillères.* Bulletin de la Société protectrice de 1874.

duits ou pour exploiter des mines, etc, etc., doit
en avoir beaucoup plus de soin que les possesseurs
de chevaux de luxe. En effet, quoique moins cher,
le cheval de peine forme souvent tout le patrimoine
du travailleur ; si ce dernier perd son auxiliaire, il
peut être ruiné, tandis que la perte d'un cheval de
luxe ne cause à son maître qu'un préjudice très-
réparable. Il faut donc que les chevaux consacrés
aux rudes labeurs soient l'objet des soins les plus
intelligents et des ménagements les plus attentifs.
Ils les méritent mieux que les chevaux de luxe
ou de fantaisie qui ont un travail léger peu en rapport avec leur force, leur ardeur et le confortable dont ils sont l'objet.

Aimons ce noble animal, mes amis.

« Si l'homme n'avait eu le cheval, le bœuf, le
chameau, s'il eût tiré de son cou et de son échine
les fardeaux énormes dont ils lui sauvent la charge,
il serait resté le serf misérable de sa faible organisation. Dominé par la disproportion habituelle des
poids et des forces, ou il aurait renoncé au travail,
eût vécu de proie fortuite, sans art ni progrès,
ou bien il aurait été l'éternel portefaix, courbé,
traînant et tirant, tête basse, sans regarder le
ciel, sans penser, sans s'élever jamais à l'invention. »

« Si la France n'avait pas le cheval et que quel-
qu'un le lui donnât, une telle conquête serait pour
elle plus que la conquête du Rhin, de la Belgique,

de la Savoie : le cheval seul vaut trois royaumes (1). »

ART. VI.

Les charretiers prendront un ou plusieurs chevaux de renfort toutes les fois que les voitures seront engagées dans des ornières, des cailloutages ou des montées. Ils feront souffler les chevaux de temps en temps, et toujours sur le haut des côtes. On ne doit jamais faire reculer le cheval, si ce n'est en cas de nécessité absolue.

— Je voudrais, continua Daubert, qu'on ajoutât à cet article, que les charretiers qui conduisent leurs propres chevaux seraient tenus d'insérer dans leur traité avec les exploitants, que ces derniers devront entretenir en très-bon état les chemins particuliers qui desservent leurs travaux. Ce serait une fameuse leçon donnée à la plupart de mes confrères, dit-il en souriant.

J'applaudis à cette idée avec nos auditeurs, et je continuai :

Les charretiers ignorants et entêtés ont pour *principe* de faire gravir les côtes, même les plus ardues, sans donner le moindre repos à leurs chevaux. Ils prétendent que si l'attelage s'arrêtait il ne pourrait plus démarrer.

(1) Michelet, *l'Oiseau,* dixième édition (1872), pages 341 et 358.

Les charretiers intelligents et amis de leurs che-
-vaux pensent et agissent tout autrement. Ils ont
soin de les faire reposer dans des places convena-
bles. Ils calent les roues avec des morceaux de bois
taillés en coins dont ils n'oublient jamais de se
munir. Et quand les chevaux ont repris haleine,
ils les font repartir en les dirigeant obliquement,
soit àdroite, soit à gauche, pour adoucir la traction. Ils les encouragent de la voix et se gardent
bien de les frapper.

Mes amis, lorsque nous montons des côtes,
même sans fardeau, nous sommes fatigués; nous
prenons haleine, quelquefois nous nous asseyons.
Eh bien! jugez par comparaison de quelle lassitude
doivent être excédés les pauvres chevaux qui ont
déjà fait, sans se reposer, une longue route presque toujours avec une charge exagérée. Cependant,
dès qu'ils sont parvenus au haut d'une montée, on
presse leur marche immédiatement. Mais les fron-
deurs qui réduisent tous les sentiments d'humanité
en sensiblerie comme certains philosophes du
xviie siècle, viennent dire que l'homme ne peut
être comparé aux bêtes même les plus parfaites.
Pourtant, nous sommes forcés de convenir qu'il y
a bon nombre de bêtes qui ont plus d'esprit et plus
de raison que bien des gens. Je regrette que le
temps ne me permette pas de vous en donner des
preuves. Mais, il n'est pas un homme instruit et
impartial qui ne reconnaisse que les animaux sont,

comme nous, organisés pour le plaisir et pour la douleur. Leurs sensations sont aussi vives que les nôtres, et, par une répartition équitable, par une suprême justice, plus leurs jouissances sont étendues; plus aussi leurs souffrances doivent être cuisantes (1).

Le reculement se fait souvent dans des conditions tellement déraisonnables qu'il devient un mauvais traitement. Ainsi, on exige du limonier qu'il pousse *seul* à reculons la même voiture que plusieurs chevaux avaient peine à tirer en avant. Pour obtenir de lui l'impossible, on lui détraque la mâchoire en agitant convulsivement le fer que le cheval a le privilége, parmi tous les animaux domestiques, de *mordre* pendant la moitié de sa vie. Quand le mors ne suffit pas, on frappe sur les naseaux avec le manche du fouet, ou bien on lui arrache la langue.

A ces derniers mots, Auzon cacha sa tête dans ses deux mains.

Il est encore une *routine* qui peut compter au nombre des plus cruels supplices qu'endurent les malheureux chevaux. Je veux parler de la *Musette*. Vous connaissez ce sac de grosse toile qu'on leur attache à la tête pour leur donner l'avoine? Comment les charretiers ne comprennent-ils pas que cet animal, qui a besoin d'une grande quantité

____

(1) *Les Misères des animaux*, par M. le docteur FÉE, p. x.

d'air, ne saurait suffisamment respirer dans cet affreux sac où sa bouche et ses naseaux sont enfermés pendant des heures entières? Sous ce rapport les chevaux des déménageurs sont les plus exposés à cette torture.

Il serait cependant bien simple de leur donner à manger à *découvert*. Une mangeoire mobile de tôle ou d'un autre métal, ayant à ses extrémités une branche de fer, serait fixée par deux anneaux, dans l'axe des limons. Voilà pour le limonier. Une autre mangeoire pourrait être placée à l'arrière de la voiture. Au moyen de charnières on leverait et abaisserait cette auge dans laquelle deux chevaux de volée prendraient facilement leur nourriture sans qu'il y ait à redouter qu'elle soit renversée.

Je suis certain que chacun de vous sera heureux d'appliquer ce système à ses chevaux.

Rappelez-vous, mes amis, que les charretiers qui privent de soins leurs *propres* chevaux et les accablent de mauvais traitements, tombent toujours dans la misère; tandis que ceux qui se conduisent avec intelligence et humanité envers ce précieux serviteur ne manquent jamais de prospérer. Je pourrais vous en donner pour preuve de nombreuses histoires qui ont servi de thème à des ouvrages pleins d'intérêt.

ART. VII ET DERNIER.

En somme, le cheval doit être traité comme un ami intelligent, comme un serviteur fidèle et dévoué, comme l'auxiliaire le plus puissant et le plus indispensable de nos travaux. Le cocher et le charretier doivent donc être eux-mêmes assez intelligents pour comprendre la nécessité absolue de bien traiter leurs chevaux.

Vous savez le proverbe, mes amis : *Qui veut voyager loin ménage sa monture* (1). Ajoutons qu'il ménage aussi sa bourse. Si le jardinier habile donne à ses plantes des soins ingénieux pour qu'elles lui rapportent de beaux et bons fruits... que ne devront pas faire à plus forte raison les cochers et les charretiers pour rendre leurs chevaux de plus en plus capables de leur fournir de bons et *longs* services !

A mon tour, voulant *ménager* votre attention, je ne dois pas prolonger cette causerie ; toutefois, comme ce sujet est fécond en faits touchants, en anecdotes variées, je ferai un petit livre où je les consignerai à votre intention (2). Mais, en attendant, je vais vous raconter une historiette qui vous prouvera, entre mille, non-seulement l'intelligence du cheval, mais aussi ses bons sentiments.

(1) RACINE.
(2) Voyez la conférence sur le cheval, p. 73.

Un riche fermier avait dans ses écuries un cheval aveugle âgé de 40 ans, qui avait été sa première monture. Ils avaient été jeunes ensemble ; ils avaient vieilli l'un portant l'autre. Le bon fermier donnait à son vieux compagnon les invalides. Il l'accablait de caresses et de soins, et lui préparait lui-même, chaque jour, une nourriture particulière, car le pauvre animal avait les dents si usées qu'il ne pouvait plus broyer ni le foin ni l'avoine. Le cheval reconnaissait son maître à la voix, et il hennissait dès qu'il l'entendait. Un jour que le fermier avait tardé à venir lui apporter sa ration, il fut étonné de le voir manger comme à l'heure ordinaire de son repas. Mais quelle ne fut pas son émotion quand il s'aperçut que les autres chevaux prenaient une portion de leur pitance, la broyaient et la déposaient ainsi toute préparée dans la mangeoire du vieillard !

N'a-t-on pas raison de dire, mes amis, que la Providence se sert des animaux pour instruire les hommes ?

On a souvent parlé de chevaux qui se vengent ; ils sont rares... Je ne crois pas que le cheval soit vindicatif ni pour lui, ni pour ses compagnons maltraités. Il laisse ce plaisir à l'homme qui en use largement et qui y joint celui de la cruauté et de la destruction. Cependant, je pourrais vous en citer quelques exemples : j'ajouterai seulement que, quand le pauvre animal accablé de coups injustement et abusivement, *se venge*, il ne fait qu'user du droit de légitime défense contré la lâcheté brutale de l'homme ; et, à mes yeux, le cheval se montre toujours si bon et si généreux qu'il n'est vraiment *bête* que lorsqu'il ne se venge pas. Quant au cheval qui regimbe contre le supplice du fouet, on peut lui appliquer le fameux dicton :

> Cet animal est très-méchant :
> Quand on l'attaque, il se défend.

Non, le cheval n'est pas *naturellement* méchant.

Je suis convaincu que la méchanceté et la rétivité caractérisées par le refus de l'animal de se laisser utiliser pour les services auxquels on le destine ne sont que rarement inhérentes à sa nature, c'est-à-dire irrémédiables. Je crois donc que, dans la généralité des cas, ces vices ne sont dus qu'aux mauvais traitements et à une éducation brutale. C'est pourquoi je voudrais que si le législateur met, dans le nouveau code rural, la méchanceté et la rétivité au nombre des vices rédhibitoires, ces défauts ne fussent déclarés tels qu'autant que le vendeur ne pourrait pas prouver qu'ils proviennent de mauvais traitements.

Cette disposition aurait l'avantage de faire rechercher l'auteur de ces mauvais traitements et de le soumettre, le cas échéant, à l'application de la Loi-Grammont. En outre, le vendeur sachant que l'acheteur pourrait remonter à la cause de ces vices et en faire la preuve, s'abstiendrait, dans son propre intérêt, de maltraiter ses chevaux.

C'est avec regret que je suis forcé de parler défavorablement de la plupart des cochers de *grandes maisons*. Peu surveillés, ils se montrent, en présence des maîtres, d'une douceur hypocrite... mais dans le *secret* de l'écurie, ils se livrent à une brutalité qui n'est que trop souvent d'un funeste exemple pour les jeunes gens qui s'y trouvent employés.

Avant de nous séparer, laissez-moi, je vous prie, vous parler en deux mots de la fameuse Loi-Grammont, et vous en indiquer la haute portée. Cette loi, qui a été rendue le 2 juillet 1850, protége les animaux au point de vue de l'humanité. Elle rappelle à l'homme ses devoirs envers les animaux, dont Dieu lui a permis d'user et non d'abuser. Elle épure le cœur de l'homme de cette insensibilité qui est le partage de l'ignorance et de l'inintelligence, elle le dépouille de cette barbarie sauvage qui le maintient en état d'hostilité envers ses semblables. Et quoiqu'elle soit trop peu sévère, c'est une de celles qui font le plus d'honneur à notre temps, parce qu'elle est une des plus moralisatrices de notre admirable législation !

Sans doute, en protégeant les animaux *pour eux-mêmes*, la Loi-Grammont conserve indirectement les animaux à leur propriétaire ; mais il appartient au Code pénal, qu'elle complète pour ainsi dire, de garantir le respect dû à la propriété (1). Ainsi, celui qui empoisonne un cheval est puni de cinq ans de réclusion, et celui qui le tue volontairement peut être condamné à six mois de prison, sans préjudice, dans l'un et l'autre cas, d'amendes, de restitutions et de dommages-intérêts.

Je ne me fais pas illusion, mes chers amis : sauf quelques rares exceptions, les charretiers qui auront été punis pour avoir maltraité leurs chevaux seront peu disposés à s'amender. L'habitude de la brutalité devient une seconde nature. Je crains même d'être dans le vrai en disant que le châtiment inspirera à l'homme endurci une lâche et stérile vengeance qu'il exercera sur ses innocentes victimes dès que, dans le secret de l'écurie ou de l'isolement, il se sentira leur maître absolu.

Le remède à cette dépravation se trouvera dans l'institution généralisée des écoles de dressage. Toutefois, il faut que ces écoles soient établies, non-seulement pour les chevaux de luxe, mais surtout pour les chevaux de trait proprement dits. C'est qu'il n'existe pas encore d'écoles de dressage où les charretiers puissent être instruits dans les saines doctrines de l'art de gouverner et de conduire les chevaux. Faisons des vœux pour qu'elles se multiplient sur tous les points, afin que la triste réputation qu'ont les Français d'être le peuple le

(1) Articles 452-455 du Code pénal

plus cruel envers les animaux, disparaisse de nos mœurs aux yeux des autres nations !

Un de nos plus célèbres artistes se trouvait dernièrement en Danemark. Au moment de se séparer de l'ami qui lui avait donné l'hospitalité, il l'engagea à venir à Paris. — Oh! non, répliqua le Danois, je n'irai jamais dans le pays où l'on maltraite le plus cruellement les chevaux !

Vous êtes tous indignés contre les voleurs... et vous avez mille fois raison ; autrefois, on les punissait de mort. Eh bien! celui qui, sciemment et méchamment, détériore la chose d'autrui jusqu'à en causer la perte plus ou moins éloignée, est bien près de celui qui la soustrait. Si vous ajoutez à ces abus de confiance l'humanité outragée, vous tiendrez à honneur de vous faire les protecteurs sincères des animaux. N'éprouvez-vous pas de l'estime et même un certain respect pour ces braves cochers et charretiers qui reçoivent des récompenses de la Société protectrice des animaux ?

Imitez-les : surpassez-les, vous le pouvez. Vos intérêts et votre bonheur vous le conseillent : la raison et votre dignité d'honnête homme, je pourrais même dire votre patriotisme, vous en font un devoir !

J'avais à peine terminé que mes auditeurs vinrent me serrer la main et protester à l'envi de leurs bonnes dispositions à l'égard des animaux.

CONCLUSION.

Un jour de décembre, Auzon conduisait un tombereau de sable. Ayant glissé, il tomba devant la roue. Comme la route était en pente, le cheval, comprenant que ses efforts ne suffiraient pas pour retenir la voiture, se détourna sur le milieu de la chaussée, avec une présence d'esprit qu'on peut justement appeler *incroyable*, puisqu'il est convenu que les bêtes ne peuvent en avoir. Auzon se releva vivement, sauta au cou de son cheval et l'embrassa en l'appelant son frère, son ami, son sauveur. « Je t'ai bien donné, en cachette et par habitude, quelques coups de fouet, lui dit-il en le caressant de nouveau; mais je te jure que de ma vie tu n'en recevras de moi. » Auzon a tenu parole et le cheval n'a cessé de bien travailler à la voix de son maître (1).

Cette aventure détermina la conversion complète d'Auzon. La seconde année il obtint une médaille, mais la troisième, la prime de 200 francs lui fut attribuée par le suffrage unanime de ses camara-

(1) Historique.

4.

des. En outre, il eut l'honneur d'être représenté sur l'enseigne du marchand de vin le plus achalandé du pays, d'une main caressant un cheval libre, et de l'autre lui donnant un morceau de sucre, avec ces mots : AU BON CHARRETIER !

J'avais promis un livret de caisse d'épargne de 50 francs pour récompenser l'enfant des écoles du pays qui ferait acte d'humanité envers les chevaux. Cette récompense ne fut décernée qu'en 1867, dans les circonstances suivantes :

Par la maladresse d'un charretier aviné, une voiture se trouvait engagée dans une partie de cailloutage. Comme le cheval ne pouvait démarrer, le charretier le frappait sans relâché. Dans ce moment, les enfants sortaient des écoles. L'un d'eux, âgé d'environ 12 ans, s'avança vers cet

homme pour lui faire entendre raison. Le charre-
tiér le reçut en lui allongeant un coup de fouet.
Aussitôt tous les enfants poussèrent des cris per-
çants, et quelques personnes, attirées par ce bruit,
s'emparèrent du forcené et lui ôtèrent son fouet.
Pendant ce temps et malgré sa douleur, l'enfant
alla demander à un voiturier qui passait, de lui
prêter un cheval. Ayant d'abord éprouvé un refus,
il tira de sa poche une pièce de un franc qui com-
posait tout son pécule et obtint le cheval de renfort.
Dès qu'il l'eut attelé, il le caressa, ainsi que le
pauvre martyr, puis il donna le signal du départ
en guidant le premier par la bride. Le tombereau
fut bientôt remis en bonne voie aux applaudissements des témoins de cet acte d'énergie. Alors, le
charretier dégrisé demanda qu'on lui rendît son
fouet..., mais le généreux enfant lui répondit fièrement que, *sur son ordre*, ses camarades étaient
allés le déposer chez le commissaire de police.

Quelques mois plus tard, à la distribution des
prix des écoles communales, lorsque Auzon entendit appeler son fils pour recevoir des mains du
juge de paix, président, la récompense du courage
et de l'humanité, il s'écria : « Enfants, vous êtes
« heureux, vous à qui l'on apprend aujourd'hui à
« être humains ! »

CONFÉRENCE

SUR

LE CHEVAL

Première partie :

SON HISTOIRE NATURELLE.

Deuxième partie :

SES TRAVAUX ET SES SOUFFRANCES.

Troisième partie :

SON UTILITÉ ALIMENTAIRE.

M. le Président de l'Association Philotechnique de Boulogne et de Saint-Cloud, connaissant le dévouement tout particulier de M. de Beaupré à la protection du cheval, lui proposa de faire une Conférence sur ce sujet. C'était, de la part du premier magistrat de Boulogne, affirmer, d'une manière infiniment courtoise, les idées moralisatrices et les appliquer à l'éducation de la jeunesse. La Conférence eut lieu le 6 juin 1867. Le succès qu'elle obtint atteste que cette jeunesse *n'est pas sans pitié*, et qu'au contraire elle se plaît aux émotions de l'humanité quand on parle à son cœur.

Le 16 mars de l'année 1868, la même Conférence a été faite à Suresnes. Organisée avec autant d'intelligence que de dévouement par le directeur de l'Association Philotechnique, elle a pris les proportions d'une fête publique, à laquelle les dames en grand nombre et les notables du pays se sont rendus avec empressement, afin de témoigner par leur présence leur sympathie au conférencier et à son *héros*. Par une attention délicate, la fanfare était venue alterner avec les différentes parties de la Conférence.

Cette *causerie* a eu lieu de nouveau, le 5 avril 1868, au *Cercle des Maçons* établi dans la Mairie du 5e arrondissement. Là, le conférencier a obtenu les plus vives adhésions, lorsque, s'adressant à ces braves

travailleurs, il les a pour ainsi dire revêtus de la toute-
puissance des bons conseils à l'égard des charretiers,
avec lesquels ils sont en rapport sur les nombreux
chantiers de construction.

Enfin, le 13 mars 1872, sur la demande de l'excellent
docteur Lailler, le conférencier s'est fait entendre à
l'hôpital Saint-Louis de Paris. L'auditoire, en s'identi-
fiant, dans cet asile des souffrances humaines, avec
celles du MEILLEUR DE NOS SERVITEURS, s'est montré vivement ému au récit des cruautés dont ce noble animal
est constamment l'objet.

C'est en présence de ces faits, que nous avons engagé
M. de Beaupré à rédiger sa Conférence, afin de l'ajouter aux pages qui précèdent. Nous avons l'espoir que
cette publication, toute de moralisation, recevra du public l'accueil favorable qu'elle mérite.

(L'éditeur.)

LE CHEVAL

1° SON HISTOIRE NATURELLE
2° SES TRAVAUX ET SES SOUFFRANCES
3° SON UTILITÉ ALIMENTAIRE

Tel est le titre d'une conférence, ou plutôt d'une causerie, que j'ai faite plusieurs fois, et que je vais resserrer de manière à présenter la monographie, succincte mais complète, de cet animal, qui est incontestablement l'auxiliaire le plus indispensable de l'activité humaine.

J'éprouve en voyant frapper un cheval deux sentiments opposés : l'un de commisération en faveur d'un animal rempli des plus précieuses qualités, l'autre d'irritation et même de répulsion contre l'homme assez dépourvu de raison pour se faire une habitude de la cruauté. Puissé-je acquérir à mon héros toutes les sympathies de mes lecteurs, comme je lui ai obtenu les manifestations les plus bienveillantes de mes auditeurs !

PREMIÈRE PARTIE

HISTOIRE NATURELLE DU CHEVAL

> Est-il, dans la nature, un animal
> plus beau et meilleur?
>
> PLINE.

Pour connaître le degré élevé que le cheval occupe dans l'échelle des êtres, il nous faut savoir que le règne animal est divisé, par les naturalistes, en quatre grands embranchements qui se rapportent à quatre types principaux, d'après lesquels tous les animaux semblent avoir été modelés.

Le premier embranchement, ou première division, comprend les animaux *Vertébrés* (1).

Ce groupe renferme tous les animaux dont la conformation est la plus compliquée, et dont les facultés plus nombreuses présentent le plus de perfection. Le corps des vertébrés est soutenu par une charpente dure et solide appelée squelette. Les pièces dont elle se compose sont liées par des

(1) Le deuxième comprend les *Mollusques*, c'est-à-dire les animaux dont le corps est mou, comme les limaces, les huîtres, les moules, etc. — Le troisième comprend les *Articulés*, c'est-à-dire les animaux dont la peau présente une série d'anneaux articulés entre eux, tels sont les vers de terre ou lombrics, les sangsues et les insectes dont on compte plus de cinquante-deux mille espèces. — Le quatrième, les animaux *Rayonnés* et animaux-plantes, tels que les vers intestinaux, les polypes, les éponges, etc.

os anguleux, épais et courts, qu'on nomme verté-
bres (1). Ces os, emboîtés les uns dans les autres
et doués de mobilité, forment la colonne vertébrale.

Les animaux vertébrés se subdivisent en quatre
classes :

1° Les Mammifères ;
2° Les Oiseaux ;
3° Les Reptiles ;
4° Les Poissons.

La première classe, celle des mammifères, la
seule dont nous ayons à nous occuper ici, comprend l'homme et les animaux qui se rapprochent
de lui par les points les plus importants.

Les mammifères, ou porte-mamelles, naissent
vivants et sont allaités par leur mère dans les premiers temps de leur vie. Comme ils se distinguent
par la multiplicité et la précision de leurs mouvements, par la délicatesse de leurs sensations et par
le développement de leur intelligence, ils sont, de
droit, placés au premier rang des êtres créés.

L'organisation de l'homme, comparée à celle
d'un grand nombre d'autres mammifères, ne présente que des dissemblances peu importantes ;
mais ce qui le différencie éminemment c'est une
intelligence supérieure, c'est la parole, c'est le don
de contempler les cieux. Seul il est bimane, c'est-

(1) Du latin *vertere*, tourner.

à-dire que seul il possède des mains aux extrémités antérieures.

Le cheval offre aussi cette particularité qu'il forme l'unique genre connu des *solipèdes*, ou animaux dont chaque pied se termine par un seul doigt apparent, nommé corne ou sabot. Les espèces de ce genre sont l'âne (1), le zèbre, l'hémione, le couagga, l'ongaga ou daw et l'hémippe.

La domesticité du cheval est le plus beau triomphe que l'homme ait jamais remporté sur la nature vivante. Il s'est acquis un serviteur accompli, qui se distingue par son intelligence, par sa docilité et par la beauté de ses formes. Les poëtes du désert

(1) L'onagre est l'âne sauvage.

célèbrent son œil brillant et plein de feu qui excite au courage ; sa crinière ondoyante qui flotte au vent comme la longue chevelure de Cadige (1) ; ses mœurs douces qui en font un compagnon fidèle, et son attachement à celui qui le flatte, le dresse et le nourrit.

L'affection toute fraternelle que les Arabes portent à leurs chevaux est fondée, non-seulement sur l'utilité que leur vie nomade leur fait trouver dans la marche rapide de leurs coursiers, mais principalement sur une ancienne croyance qui attribue au cheval des sentiments élevés et généreux, et une intelligence supérieure à celle des autres animaux. Ils disent : « Le cheval est la plus belle créature « après l'homme. Aussi, la plus noble occupation « est-elle de l'élever, le plus délicieux amusement « de le monter, et la meilleure action domestique « de le soigner. » Et ils ajoutent, d'après leur Prophète : « Autant de grains d'orge donnés au che- « val, autant d'indulgences gagnées. »

Mahomet a consacré dans son *Coran* une place d'honneur au cheval, en décrivant ainsi sa création : « Dieu appela le vent du sud et lui dit : Je veux « tirer de toi un nouvel être ; condense-toi ; dépose « ta fluidité et revêts une forme visible. » Ayant été obéi, il prit quelque peu de cet élément devenu palpable, souffla dessus, et le cheval fut produit.

(1) Femme de Mahomet.

« Va, cours dans la plaine, dit alors le Créateur à
« l'animal ; tu deviendras pour l'homme une source
« de bonheur et de richesse. La gloire de te domp-
« ter ajoutera à l'éclat des travaux qui lui sont
« réservés. »

C'est de l'époque du Prophète que date l'émulation des Arabes à perfectionner la race de leurs
chevaux. Dans un but d'intérêt général, et surtout
pour inspirer aux Arabes l'amour que lui-même il
ressentait pour ce noble animal, Mahomet promit
le paradis à ceux qui aimeraient, multiplieraient et
amélioreraient leurs chevaux.

Les allégories poétiques de la mythologie semblent absurdes ; et cependant, lorsque nous par-
venons à en pénétrer le mystère, nous y découvrons
des faits véritables.

Ce que nous venons de dire s'applique, dans une
certaine mesure, aux rapports incessants de l'homme
et du cheval. Ainsi les Centaures, qui étaient des
chevaux dont la partie supérieure du corps avait la
tête, le cou et les bras de l'homme, symbolisaient
l'association de l'intelligence et de la force, conditions essentielles des travaux humains.

En effet, le plus célèbre des Centaures, Chiron,
fut un prodige d'activité. Parcourant sans cesse les
montagnes, il avait acquis une connaissance profonde des simples, qui lui mérita l'honneur d'être
le premier médecin de son temps. Il enseigna son
art à Esculape, qui, par ses soins, devint le dieu de

la médecine. Chiron inventa l'équitation, dont les règles semblent ne faire de l'homme et du cheval qu'un seul individu ayant une volonté et une action qui se confondent, pour ainsi dire, en une seule nature. Enfin il conseilla à Jason, roi de Thessalie (1), dont il avait été le précepteur, de faire construire un vaisseau, le premier qui sillonna les mers, pour aller à la conquête de cette fameuse toison d'or qui peut être regardée comme l'emblème de la prospérité résultant pour les peuples de l'échange, par la navigation, de leurs richesses et de leur civilisation. Voulant récompenser tant de mérites, les dieux placèrent Chiron dans le ciel, parmi les douze constellations du zodiaque : c'est le Sagittaire (2).

Quel est le mortel qui n'a pas été poëte une fois au moins dans sa vie ? Eh bien ! il lui a fallu pour cela être transporté à travers l'espace, jusque sur les sommets du Parnasse, au séjour des Muses. C'est Pégase, cheval ailé, toujours débonnaire pour les poëtes inspirés, mais passablement rétif pour les rimailleurs, qui a été chargé d'effectuer ce voyage aérien. Il était aussi la monture ordinaire

(1) Contrée de la Grèce ancienne qui fait aujourd'hui partie de la Turquie d'Europe.

(2) Cette constellation, composée de trente et une étoiles, se montre en novembre, un peu au-dessus de l'horizon de Paris et dans la direction de l'*Épi de la Vierge* et d'*Antarès*, l'une et l'autre étoiles de première grandeur.

des Muses, lorsqu'elles allaient rendre leurs devoirs aux dieux de l'Olympe. La familiarité dont il jouissait auprès des immortels a dû le faire caser dans les régions célestes, où nous le voyons briller au nord sous la forme d'une belle constellation qui porte son nom.

Enfin, et pour terminer cette partie hippique de la mythologie, nous dirons qu'Apollon, le dieu du jour, dirigeait avec une incontestable adresse les quatre magnifiques chevaux attelés au char du Soleil. Ces chevaux, dont le nom ne fait rien à l'histoire, étaient doués d'une merveilleuse rapidité, dont aujourd'hui nous ne pouvons nous faire une idée ; en effet, comme le soleil tournait alors autour de la terre, selon les croyances du temps, ils parcouraient en une seconde 2,300 lieues, soit en vingt-quatre heures 198,720,000 lieues.

Mais, passant à la réalité, disons que toujours et partout l'homme est *doublé* du cheval, et laissons Buffon, l'illustre naturaliste, nous en faire la description dans son style entraînant :

« La plus noble conquête que l'homme ait jamais faite est celle de ce noble et fougueux animal, qui partage avec lui les fatigues de la guerre et la gloire des combats : aussi intrépide que son maître, le cheval voit le péril et l'affronte ; il se fait au bruit des armes, il l'aime, il le cherche, et s'anime de la même ardeur. Il partage aussi ses plaisirs : à la chasse, aux tournois, à la course, il brille, il étincelle. Mais, docile autant que courageux, il ne se laisse pas emporter à son feu ; il sait réprimer ses mouvements : non-seulemeent il fléchit sous la main de celui qui le guide, mais il semble consulter ses désirs ; et obéissant toujours aux impressions qu'il en reçoit, il se précipite, se modère ou s'arrête, et n'agit que pour y satisfaire. C'est une créature qui renonce à son être pour n'exister que par la volonté d'un autre ; qui sait même la prévenir ; qui, par la promptitude et la précision de ses mouvements, l'exprime et l'exécute ; qui sent autant qu'on le désire, et ne rend qu'autant qu'on veut ; qui, se livrant sans réserve, ne se refuse à rien, sert de toutes ses forces, s'excède, et même meurt pour mieux obéir ! » (1)

Si Pégase fut pour les poëtes un génie tutélaire en faisant d'un coup de pied sortir de l'Hélicon la fontaine de l'Hippocrène où ils venaient puiser leurs inspirations, il est bien naturel qu'il leur ait fourni de magnifiques accents pour célébrer sa propre race :

Voyez ce fier coursier, noble ami de son maître,
Son compagnon guerrier, son serviteur champêtre,
Le traînant dans un char, ou s'élançant sous lui,
Dès qu'a sonné l'airain, dès que le fer a lui,
Il s'éveille, il s'anime, et, redressant la tête,
Provoque à la mêlée, insulte à la tempête ;

(1) Voy. page 40.

5.

De ses naseaux brûlants il souffle la terreur;
Il bondit d'allégresse, il frémit de fureur;
On charge; il dit : Allons! se courrouce et s'élance.
Il brave le mousquet, il affronte la lance;
Parmi le feu, le fer, les morts et les mourants,
Terrible, échevelé, s'enfonce dans les rangs;
Au bruit des chars guerriers fait retentir la terre,
Prête aux foudres de Mars les ailes du tonnerre;
Il prévient l'éperon, il obéit au frein,
Fracasse par son choc les cuirasses d'airain,
S'enivre de valeur, de carnage et de gloire,
Et partage avec nous l'orgueil de la victoire;
Puis revient dans nos champs, oubliant ses exploits,
Reprendre un air plus calme et de plus doux emplois,
Aux rustiques travaux humblement s'abandonne,
Et console Cérès des fureurs de Bellone (1).

(1) Delille, *les Trois règnes.*

Un autre poëte a dit (1) :

Il est superbe et doux, docile, valeureux;
Son encolure est haute et sa tête hardie.
Ses flancs sont larges, pleins, sa croupe est arrondie;
Il marche fièrement, il court d'un pas léger;
Il insulte à la peur, il brave le danger.

. . . .
. . . .

Un coursier belliqueux, qui, formé pour la gloire,
Doit avec le guerrier voler à la victoire,
Dès ses plus jeunes ans au bruit accoutumé,
Sans crainte entend tonner le salpêtre allumé;
Son œil audacieux parcourt l'éclat des armes;
Le son de la trompette est pour lui plein de charmes;
Il souffre les arçons, il soutient en repos
Son maître qui s'élève et s'assied sur son dos.
A ses ordres docile, il s'arrête ou s'avance,
Il revient sur ses pas, il se dresse, il s'élance;
Plus léger que les vents par son vol devancés,
Ses pas sur la poussière à peine sont tracés;
Il aime la louange, et son ardeur éclate
Au doux bruit de la main qui le frappe et le flatte.
C'est ainsi qu'un coursier, utile au champ de Mars,
Nous porte fièrement au milieu des hasards,
Perce les escadrons, vole, se précipite;
Le carnage l'anime et le péril l'irrite.
Environné de morts, sanglant, percé de coups,
Il semble s'oublier et ne penser qu'à vous.
Quand sa force le quitte, encor plein de courage,

(1) Rosset, *l'Agriculture.*

De l'horreur des combats il sort, il se dégage;
Pour vous il semble craindre un coup qu'il a bravé;
Il expire content quand il vous a sauvé.

Les peuples de l'Orient usent d'une grande douceur avec leurs chevaux et d'une grande sagacité dans les soins qu'ils leur prodiguent. Ils les associent à leur famille en leur faisant partager leur tente et souvent leur nourriture. De leur côté, les chevaux s'attachent à leur maître, dont ils deviennent le compagnon inséparable, l'ami fidèle en prenant part à ses travaux, à ses périls et à sa fortune, heureuse ou malheureuse.

Voici une anecdote qui prouve la mutuelle affection de ces deux *enfants* du désert :

Un Anglais avait donné rendez-vous à un Arabe sur la place des Pins, à Beyrouth (1), où ils devaient traiter de la vente d'un cheval.

L'Arabe attendait sur la place, laissant son cheval paître en liberté : c'était un des plus beaux animaux du désert.

— *Las salam aleich* (je te salue)! dit-il gravement à l'Anglais.

— Quel est le prix de ton cheval ? demanda l'acheteur, par l'intermédiaire de M. Lascaris.

— Dieu seul le sait, dit l'Arabe. Jette sur ce manteau le prix que tu en offres.

(1) Ville de Syrie sur les côtes occidentales de l'Asie.

Trente mille piastres (1) tombèrent aux pieds de l'Arabe impassible, puis dix mille, et dix mille encore. Les yeux du vendeur s'allumèrent à la vue de ce trésor; dix mille autres piastres tombèrent : l'Arabe était vaincu.

— Allons, dit-il en s'approchant du cheval, il faut nous séparer.

L'Anglais préparait avec flegme un licou de soie : l'Arabe étouffait...

Tout à coup l'intelligente bête, flairant son nouveau possesseur, fit un brusque mouvement et poussa un hennissement douloureux.

D'un bond, l'Arabe fut en selle :

— Adieu ! dit-il à l'Anglais, tes trésors ne remplaceraient jamais mon seul ami !

Et il disparut dans un tourbillon de poussière (2).

Aux nombreuses qualités que nous venons d'énumérer, il convient d'ajouter la gloire qu'on accorde au cheval d'être regardé comme le symbole de la liberté.

C'est surtout dans les haras des steppes (ou plaines immenses) de l'Ukraine (3) qu'on est souvent témoin de l'amour de ce généreux animal pour l'indépendance. Ces haras, qui sont fort nombreux, contiennent chacun de vingt-cinq à trente mille

(1) La piastre vaut environ un franc.
(2) M. SPOLL, *Bulletin de la Société protectrice des animaux.*
(3) Gouvernement central de la Russie d'Europe.

chevaux. Lorsque quelques-uns d'entre eux aperçoivent sur les rares chemins qui traversent les steppes, une voiture traînée par d'anciens camarades, ils courent avec fureur à leur délivrance. Aussitôt ils les dégagent du véhicule en le brisant à coups de pied, les dépouillent avec leurs dents des harnais qui les retenaient captifs et les emmènent en triomphe en faisant retentir les plaines de leurs joyeux hennissements.

Il n'est pas facile de s'emparer de ces chevaux indomptés. Voici comment on procède pour s'en rendre maître : « Un Tartare, monté sur un cheval agile et bien dressé, jette un nœud coulant sur le cou du cheval qu'il veut prendre, s'efforce adroitement de le séparer des chevaux du haras et de le faire sortir dans les champs. Quand cette manœuvre a réussi, il le fait galoper ventre à terre devant lui à coups de fouet, jusqu'à ce que le cheval épuisé tombe par terre. Une fois tombé, on le bride, on le garrotte de toutes parts ; et, en serrant ses oreilles et ses lèvres avec de fins lacets, on le force par la douleur à la docilité. C'est dans cet état que la pauvre bête, tremblante, épuisée, passe de la liberté à la servitude. »

Si, comme on vient de le voir, le cheval à l'état sauvage est éminemment sociable, il est toujours domptable à l'état de domesticité, dans lequel il déploie tant de qualités dont nous usons largement et dont nous abusons bien davantage.

Suivons-le, avec Bossuet (1), dans les progrès de son éducation.

« Voyez ce cheval ardent et impétueux, pendant que son écuyer le conduit et le dompte, que de mouvements irréguliers ! C'est un effet de son ardeur, et son ardeur vient de sa force, mais d'une force mal réglée. Il se compose, il devient plus obéissant sous l'éperon, sous le frein, sous la main qui le manie à droite et à gauche, le pousse, le retient comme elle veut. A la fin, il est dompté : il ne fait que ce qu'on lui demande ; il sait aller au pas, il sait courir, non plus avec cette activité qui l'épuisait, par laquelle son obéissance était encore désobéissante. Son ardeur s'est changée en force, ou plutôt, puisque cette force était en quelque façon dans cette ardeur, elle s'est réglée. Remarquez : elle n'est pas détruite, elle se règle ; il ne faut plus d'éperon, presque plus de bride ; car la bride ne fait plus l'effet de dompter l'animal fougueux ; par un petit mouvement, qui n'est que l'indication de la volonté de l'écuyer, elle l'avertit plutôt qu'elle ne le force, et le paisible animal ne fait plus, pour ainsi dire, qu'écouter : son action est tellement unie à celle de celui qui le mène qu'il ne s'ensuit plus qu'une seule et même action. »

Le cheval est originaire du centre de l'Asie. Mais

____

(1) *Méditations sur l'Évangile.*

aujourd'hui, il se trouve, en grand nombre, dans toutes les parties du monde.

On distingue en France trois races principales de chevaux : 1° la race limousine, 2° la race navarrine, qui l'une et l'autre fournissent les meilleurs chevaux de selle de notre pays ; 3° la race normande qui donne d'excellents chevaux de trait.

Parmi les races étrangères, celle qui présente le type de la perfection est la race arabe. Autrefois, nous ne la connaissions que fort peu, parce qu'il était défendu aux Arabes, sous peine de mort, de nous vendre des chevaux. Mais depuis que l'Algérie est notre plus précieuse conquête, nous possédons un certain nombre d'étalons, dont le type améliorateur est irréprochable, et tout porte à croire que nous profiterons des immenses ressources que nous offre ce pays, pour perfectionner notre race chevaline par l'élève des chevaux arabes faite sur une grande échelle.

Puisque le cheval arabe est un des plus notables avantages de nos possessions d'Afrique, et que chaque jour on cherche à le *naturaliser français*, il est à propos de dire quelques mots de cette race qu'on désigne sous le nom de *sang oriental.*

« Ce qui est certain, c'est que le cheval de la côte africaine doit au ciel sous lequel il se développe, à l'éducation qu'il reçoit, à la nourriture qu'on lui donne, aux fatigues qui lui sont familières, une vigueur qui lui permet d'égaler, sinon de surpasser les chevaux les plus vantés de la Perse et de la Haute-Égypte (1). »

Il est si doux et si docile que c'est aux femmes qu'est confié l'élevage des poulains. Il vit avec la famille sous la même tente. Quand les femmes lui présentent sa nourriture, elles ont coutume de dire d'une voix affectueuse : « Mon fils, mange…, un jour tu nous sauveras de l'ennemi et tu nous procureras le butin nécessaire à la vie. » Et lorsque les enfants les taquinent ou les maltraitent : « Enfants, s'écrient-elles, cessez de causer la moindre souffrance aux chevaux : ce sont eux qui nous nourrissent. Dieu maudit la tente de celui qui maltraite son cheval. »

La femme est même admise à porter plainte au chef de la tribu lorsque le mari néglige ou rudoie son cheval.

Certes, nous ne demandons pas que cette habitude de dénonciation passe dans nos mœurs, mais nous pouvons bien désirer que les sentiments de douceur que les femmes de la *Barbarie* inspirent à leurs enfants fassent partie de l'éducation que donnent les femmes françaises avec tous les raffinements de la civilisation.

Je me suis souvent demandé quelle serait l'impression d'une de ces filles compatissantes du désert, transportée tout à coup dans notre splendide

(1) *Les Chevaux du Sahara et les mœurs du désert,* par le général DAUMAS.

capitale, en présence d'un de ces nombreux charretiers qui se démènent en furieux contre leurs
chevaux? Que dirait-elle à la vue de cet homme qui,
en faisant retentir l'air des plus ignobles jurements,
frappe sans cesse à coups redoublés et avec un des
plus terribles instruments de supplice, avec le fouet
au bruit strident, de pauvres chevaux enchaînés,
pendant des jours entiers, à des *charges impossibles?*
Que dirait-elle, si on lui apprenait que ces cruautés
ont un cours régulier, parce que les mauvais traitements sont passés dans les habitudes, et que,
même, on donne aux enfants les *moyens* de s'y
exercer dès l'âge le plus tendre ?

Elle dirait : Qu'on me ramène au désert ; la barbarie n'est pas aux lieux qu'on flétrit de ce nom.

Mais revenons au cheval arabe.

Le système de nourriture ne contribue pas peu
à lui acquérir les qualités qui le distinguent. L'orge
en est la base ; les dattes, la tige et les racines de
l'alfa, et le lait des chamelles, le varient et le complètent. Ce régime double l'énergie musculaire du
cheval, développe en lui une vitesse surprenante,
et le rend merveilleusement propre aux fatigues et
aux privations du désert qui peuvent durer plusieurs jours. Quoique d'une constitution délicate,
il n'en possède pas moins un grand fond d'haleine :
il dépasse à la course l'autruche et l'antilope, et
peut franchir de dix-huit à vingt lieues par jour.
On commence à le dresser de très-bonne heure.

Dès l'âge de dix-huit mois à trois ans, il est soumis à la nécessité de la selle, du ferrage et du mors. À quatre ans, son éducation est complétement terminée.

« Les qualités physiques que les Arabes estiment le plus dans un cheval sont le cou long et courbé, les oreilles délicatement fermées et se joignant presque à leur extrémité, la tête petite, les yeux grands et pleins de feu, la mâchoire inférieure étroite, la bouche découverte, les narines larges, le ventre peu développé, la jambe nerveuse, le paturon court et flexible, le sabot dur et ample, la poitrine large, la croupe haute et arrondie. Quand l'animal réunit les trois beautés de la tête, du cou et de la croupe, il est considéré comme parfait. Les diverses couleurs des chevaux arabes sont le bai brun, l'alezan, le blanc, le gris clair, le gris mêlé et le gris bleuâtre. Mais le noir et le bai clair éclatant sont inconnus en Arabie. »

Les faits qui prouvent l'intelligence du cheval, et surtout sa bonté et même son dévouement envers l'homme, sont si nombreux qu'il suffit d'en énoncer quelques-uns pour montrer que ce dernier, quand il est méchant dans ses actes, manque de cœur et de raison. Le cheval arabe s'attache à son maître, répond à sa voix, le suit au moindre signe, et si dans le combat son cavalier tombe et ne peut se relever, il s'arrête, reste auprès de lui et hennit pour demander du secours.

Que de fois des voyageurs égarés ont dû leur salut à l'instinct de leurs chevaux qui les guidait sûrement, au terme du voyage, pendant des nuits obscures à travers des chemins semés d'obstacles !

Un négociant de Grenoble avait assisté au mariage d'un de ses amis, célébré dans un château situé à quelques lieues de cette ville. Après le repas, auquel il avait fait honneur en dégustant en fin gourmet les vins les plus généreux, le négociant se retira, et monta seul dans sa voiture attelée d'un magnifique cheval. Comme son cerveau était un peu troublé par les libations du festin, le négociant fit prendre à son cheval une route diamétralement opposée à celle qui conduisait à la ville. Cette route était extrêmement dangereuse : taillée presque partout dans le roc, elle se trouvait bordée de précipices et de torrents qui commandaient au voyageur la plus grande prudence, même pendant le jour. Cependant le cheval se montrait inquiet, indocile même : puis s'arrêtait souvent, et tout à coup s'efforçait de tourner bride. Le maître furieux le fouaillait de son mieux, et le cheval de hennir : c'était là son langage à lui, mais il restait incompris. Enfin, la fumée des liqueurs alourdit le voyageur, et, l'air de la nuit aidant, le fit tomber dans une inertie complète. Dès que le cheval sentit les rênes flotter incertaines sur sa croupe, il comprit qu'il était libre de suivre la direction qui lui conviendrait; et il profita de cette faculté pour rebrousser chemin et ramener aux portes de Grenoble son maître incapable de le diriger.

Il n'est pas rare de voir des chevaux opérer des sauvetages avec une intelligence et un courage remarquables.

Dernièrement, un enfant ayant conduit un cheval à l'abreuvoir, le contraignit imprudemment, à force de clameurs et de coups de fouet, à s'avancer dans la rivière qui était très-profonde. Dès que le pauvre animal eut perdu pied, il se mit à nager. L'enfant, effrayé, se laissa choir dans l'eau en poussant des cris de détresse. La mort était imminente... Mais le cheval, se retournant promptement, saisit par la blouse avec sa bouche son petit persécuteur, et le transporta sur l'autre rive. Ce fouetteur imberbe en fut quitte pour la peur, et sentit que ce bain forcé valait une double leçon d'humanité.

Après la glorieuse journée du Mont-Thabor (16 avril 1799) où quatre mille Français anéantirent une armée musulmane de trente-cinq mille hommes, le général Bonaparte se rendit dans la vallée de Merdj-el-Amir, pour y passer la nuit. Comme il traversait le camp ennemi, il entendit des gémissements qui partaient d'une tente renversée. Il la fit soulever aussitôt, et vit un soldat mutilé que les plus affreuses douleurs disputaient à la mort.

Son cheval était agenouillé devant lui (1) et, quoique blessé lui-même, léchait les blessures de son maître !... A la vue de cette scène, à la fois horrible et touchante, le général se retourna vers ses officiers. « Messieurs, leur dit-il, d'une voix émue, cet animal nous donne une leçon d'humanité en nous montrant qu'il reconnaît des hommes là où nous ne voulons voir que des choses destinées à nos passions et à nos caprices ! »

En terminant cette première partie, j'adresserai à mes lecteurs les mêmes paroles que j'ai fait entendre à mes chers auditeurs.

Oui, tel est l'excellent et noble animal auquel nous infligeons le plus de souffrances et le plus de tortures en récompense des services inépuisables qu'il est toujours disposé à nous rendre. Et, chose pénible à reconnaître, l'injustice et la cruauté de l'homme s'accroissent en raison directe de l'épuisement causé à l'animal par l'âge que double un martyre incessant.

S'il est vrai que par la succession des actes mauvais l'homme s'endurcit graduellement jusqu'à la férocité, n'est-il pas du devoir de chacun de nous d'inspirer à la jeunesse *la raison de la douceur*, en nous souvenant de ces graves paroles du plus grand philosophe de l'antiquité (2) : « L'enfant qui tyrannise « les animaux tyrannisera sa famille et sa patrie. »

(1) L'agenouillement fait partie des exercices du cheval arabe.
(2) Pythagore vivait 540 ans avant l'ère chrétienne.

DEUXIÈME PARTIE

SES TRAVAUX, SES SOUFFRANCES

> N'inspirez jamais aux enfants le goût
> des expériences cruelles : lorsqu'ils sont
> barbares envers les bêtes innocentes,
> ils ne tardent pas à le devenir avec les
> hommes.
>
> BERNARDIN DE SAINT-PIERRE.

Les travaux auxquels l'homme soumet le cheval peuvent être divisés en trois catégories :

1° Les travaux de luxe ;

2° Les travaux de fantaisie ou de caprice ;

3° Les travaux d'utilité.

§ I.

Dans la première catégorie, les chevaux sont privilégiés. Le cheval de selle surtout est celui dont le sort est le plus heureux. Dressé avec soin, avec ménagement, il devient très-jaloux de son éducation qui, en régularisant ses mouvements, donne de la grâce et même de la noblesse à son allure et semble ajouter à la beauté de ses formes. Il est plutôt le compagnon que le serviteur de son maître ou de sa maîtresse dans leurs promenades à travers des sites enchanteurs. Souvent il se trouve en société avec ses semblables. Oh alors ! son ardeur s'irrite, son émulation s'excite : il est tour à tour calme, impétueux, docile, emporté, modéré et rapide comme le vent. En un mot, il est le héros des parties de plaisir qu'il partage avec celui qui le monte. Le cavalier et l'animal sont fiers l'un de l'autre.

Les chevaux attelés à des carrosses ou à d'autres voitures élégantes sont aussi, sous certains rapports, l'objet des soins les plus attentifs. Ils habitent des écuries bien aérées, bien saines et souvent très-confortables. Les harnais dont se composent les selleries sont légers et ajustés de manière à ne leur causer aucune blessure; car la belle tenue des équipages est le luxe des grandes fortunes.

Mais les chevaux éprouvent de véritables souffrances lorsqu'ils sont obligés de rester longtemps aux portes des maisons où descendent leurs maîtres. Les spectacles, les bals les obligent à se soumettre pendant une partie de la nuit, et quelle que soit la rigueur de la saison, à un repos qui approche de l'immobilité. Comme ils sont ordinairement dans la force de l'âge et de la santé, ils s'indignent de cette inaction, et, s'ils manifestent leur impatience en hennissant, en frappant la terre du pied, en jetant de l'écume, en secouant la tête, les cochers, au lieu de les calmer par des caresses, les brutalisent pour les faire *rester tranquilles.*

D'autres fois, on les exténue; car le maître, qui ne se fatigue pas d'être traîné, peut aimer, comme Louis XVIII, à être emporté ventre à terre, sans aucun temps d'arrêt. Ainsi, sollicitude souvent exagérée dans les écuries, et folles exigences dans le service : ce sont bien là les inconséquences des hommes.

En outre, dans ces écuries somptueuses, les cochers et les palefreniers abusent quelquefois de leur autorité trop rarement contrôlée ; ils se livrent à des corrections cruelles que rien ne motive, ou spéculent odieusement sur les rations des animaux qui sont confiés à leur probité (1).

§ II.

Dans la seconde catégorie des travaux du cheval, — si l'on peut donner le nom de travail, qui devrait n'emporter qu'une idée souverainement honorable, à des actes forcés dont la conclusion est la douleur ou la mort — dans cette seconde catégorie, dis-je, le cheval est complétement sacrifié aux passions les plus déraisonnables de l'homme, et Dieu sait que le nombre en est grand.

Commençons par les courses avec ou sans *steeple-chase.*

Ces courses, telles qu'on les pratique depuis quelques années, peuvent être considérées d'un côté comme une spéculation *terre à terre* de ma-quignonnage, de l'autre, comme un rien jeté

(1) Voyez à ce sujet ce que nous avons dit pages 32 et 33.

BIBLIOTHÈQUE NATIONALE R. F. IMPRIMÉS

6

à la curiosité des désœuvrés *de bonne compagnie*.

Pour donner une apparence de raison à ces jeux excentriques, on a osé prétendre qu'ils avaient uniquement pour but « de perfectionner la race et de conserver aux types leur pureté d'origine. »

Mais aujourd'hui, personne n'ignore que ces tours de force sont dus à un régime destructeur qu'on appelle l'entraînement, de l'anglais *Training*. Il consiste à faire faire chaque jour au cheval, dès l'âge de deux ans, des promenades de trois à quatre kilomètres en cinq minutes, et à surexciter sa vigueur musculaire au moyen de purgations savamment administrées, qui lui font perdre la graisse inutile.

C'est quand on est parvenu à élever son corps efflanqué sur des jambes en fuseaux et à lui donner la désinvolture d'un lévrier, c'est quand on l'a réduit à un état anormal qui l'expose aux plus graves maladies et compromet son existence, qu'on affirme qu'il sera un reproducteur accompli pour le perfectionnement de la race!

De toutes les courses, la plus barbare, la plus cruelle, la plus immorale est le *steeple-chase*, course au clocher : encore un mot et une excentricité empruntés à nos voisins.

La *course au clocher* se pratique en ligne droite sur un terrain semé d'obstacles naturels et artificiels tels que rivières, fossés, murs, haies, monticules, barrières, etc. Les chevaux lancés à toute vitesse bondissent à travers ces obstacles : ils font

voler les barrières en éclats avec leurs membres
ou leurs sabots. S'ils tombent, il faut qu'ils se
relèvent pour courir à un autre obstacle, et quand
la douleur et les fractures le leur rendent infran-
chissable, ils s'y brisent, et alors, pour en finir avec
une bête désormais inutile, on lui casse la tête.
Que le jockey, espèce de squelette affublé d'une
jacquette aux couleurs éclatantes, roule dans la
poussière disloqué, à demi-mort, *on ne l'achève
pas*, mais on l'envoie à l'hôpital, pour qu'il recom-
mence, après guérison, son triste métier.

Quant au cheval vainqueur...fracassé, « essoufflé,
« frémissant sur ses jambes, sabré par la crava-
« che, éventré à coups d'éperons, ruisselant, à la
« lettre, de sueur et de sang (1), » il reçoit, *dans
la personne de son maître*, le prix, la prime et souvent une ovation qui, en équité, est inférieure à
celle que l'empereur Caligula prodigua à son che-
val en le faisant *personnellement* sénateur romain.

Mais, comme l'a dit un spirituel critique, l'homme
étant le roi de la création, il faut bien que *le roi
s'amuse*.

Ah ! prenons-y garde : l'attrait de ces affreux
drames ne repose que sur des sentiments de férocité. Cela est si vrai que, dans tous les théâtres du
même genre, les émotions sont d'autant plus
recherchées par les spectateurs que le sang, la

(1) Victor Borie, dans *l'Illustration*.

douleur et la mort y sont plus accumulés. Le nom seul des spectacles en fait la différence.

Toutefois, nous sommes heureux de rendre hommage à l'administration des haras, qui aujourd'hui nous donne raison. Elle a naguère décidé (1) qu'à partir de 1869, les épreuves dites *steeple-chase* pour les étalons seront supprimées. Cette décision est fondée sur ce que ces épreuves avaient l'inconvénient de donner des poulains légers qui n'étaient aptes à faire ni des reproducteurs passables, ni même de bons chevaux de service.

C'est un pas vers la vérité et l'humanité !

Le premier mars 1874, le *steeple-chase* de Vincennes a été transféré dans le bois de Boulogne, près la porte d'Auteuil. Cet établissement et l'entreprise du *tir aux pigeons*, situé du côté des pelouses de Madrid, complètent, comme jeux de hasard, les excentricités si chères et si familières aux désœuvrés. Ne pouvant entrer dans de plus longs détails sur les courses, j'engage mes lecteurs à recourir au remarquable ouvrage de M. Richard (du Cantal) (2); il y trouvera ce sujet traité avec l'autorité de la science et de l'expérience et appuyé du jugement des hommes les plus compétents.

On nous saura gré de citer les passages suivants qui mettent en lumière l'esprit qui préside à ces jeux

(1) 1er mai 1868.
(2) ÉTUDE DU CHEVAL de service et de guerre, 5e édition, 1874, page 370 et suivantes.

« contraires aux lois de la nature comme à celles de la raison. » Écoutons ce que dit à ce sujet le comte de Montendre, inspecteur général des haras : « ... L'abus qui en est fait a rendu les réunions de ce genre le théâtre des escroqueries les plus insolentes et les plus hardies; tellement qu'une foule d'aventuriers et de chevaliers d'industrie n'ont aujourd'hui d'autre métier que celui de faire des dupes et des victimes par d'infâmes artifices, et n'ont pas d'autres moyens d'existence. »

Les mêmes abus sont signalés par M. le professeur Magne : « Les courses, en Angleterre, dit-il, donnent lieu à des actes criminels. Ce sont des charlatans qui prônent un cheval qui n'a aucune valeur, pour le faire vendre cher ; ce sont des entraîneurs, des jockeys qui rendent des chevaux malades, qui les empoisonnent avec l'arsenic, qui les engourdissent avec l'opium, qui s'entendent entre eux, qui font les maladroits pour procurer la victoire à celui qui a fait les plus grands sacrifices pour payer ces friponneries. »

Dans une brochure qui fut adressée au pays et aux chambres, par une réunion d'hommes les plus recommandables comme les plus instruits sur la question des courses, on lit : « Les courses ne sont plus, en Angleterre et même en France, ce qu'elles étaient à leur origine ; ce qu'elles devraient être uniquement, *une épreuve nécessaire pour s'assurer de la vigueur et des forces d'un cheval destiné à l'amélioration des races.* Elles sont devenues pour les uns une spéculation, pour les autres une occasion de ruine et d'élégance, pour tous un jeu. »

« Que peut-on attendre de bon, ajoute le savant auteur de l'*Étude du cheval,* d'une semblable institution? Que peut-on améliorer par un principe qui a pour conséquence l'escroquerie perfectionnée et organisée, *le jeu, la ruine,* etc., d'après l'aveu des hommes les plus désintéressés personnellement, comme les plus instruits en pareille matière. Quels avantages peut en retirer l'agriculture, avec sa bonne foi naturelle? Que peuvent y gagner les éleveurs honnêtes pour l'amélioration de leurs produits? »

Il ne faudrait pas conclure de ce qui précède que les courses doivent être condamnées d'une manière absolue. Loin de là : elles sont fort amusantes, et très-utiles quand elles développent naturellement les qualités brillantes du cheval, et surtout quand elles n'offrent aux hommes et aux bêtes aucune chance de s'estropier ou de se tuer.

Ainsi, à Rome, une course de chevaux libres termine le carnaval qui dure huit jours, du 7 au 15 janvier. C'est la fête la plus bruyante de l'année. « Elle prend aux Romains comme une fièvre de jeu, comme une fureur d'amusement dont on ne trouve point d'exemple ailleurs. » Ce spectacle a lieu sur l'ancienne voie *Flaminia,* qui porte aujourd'hui le nom significatif de *Corso,* et qui, longue de deux kilomètres, divise Rome en deux parties égales.

Aussitôt que le canon résonne, la foule envahit les amphithéâtres qui entourent les obélisques, et une multitude de têtes fixant ses yeux noirs vers la barrière d'où les chevaux doivent s'élancer, apparaît aux fenêtres et aux balcons qui, ce jour-là, sont ornés de tapisseries magnifiques et de riches coussins.

Les chevaux arrivent sans bride et sans selle leur front est ombragé de longues plumes flottantes qui tourmentent leurs regards ; leur dos est couvert d'une étoffe brillante d'où pendent des balles de plomb garnies de pointes d'acier qui, sans cesse, aiguillonnent leurs flancs ; sur leur croupe sont fixées de légères feuilles d'étain ou de papier gommé qui, en se froissant, imitent les excitations du cavalier, enfin leur queue et leur crinière étincellent de paillettes d'or et de divers ornements qui les distinguent. Ils sont conduits par des palefreniers très-bien vêtus qui ont beaucoup de peine à les retenir, tant ces charmants coureurs se montrent impatients d'une gloire qu'ils vont obtenir sans que l'homme les dirige.

Enfin, sur le signal du sénateur de Rome, la trompette a sonné. Soudain, la barrière s'ouvre ; les chevaux s'élancent comme des flèches ; le pavé brûle sous leurs pas ; les acclamations des spectateurs et les encouragements des palefreniers,

redoublent leur ardeur, et en deux minutes vingt-
une secondes , ils ont dévoré l'espace de 1685
mètres qui s'étend depuis l'obélisque de la Porte
du peuple jusqu'au palais de Venise , où est
le but.

Ce sont des chevaux fins de Naples (1) qu'on
destine aux exercices du *Corso;* on en voit d'une
rare beauté. Leur émulation est si ardente que,
pour retarder la vitesse de leurs concurrents, ils
emploient entre eux tous les moyens en leur pouvoir : ils se mordent, se poussent et se donnent des
coups de pieds.

« Le cheval victorieux est amené par son palefrenier triomphant sous le balcon des magistrats
qui délivrent le prix de la course. On ne manque
pas de féliciter le seigneur à qui le cheval appartient, de la victoire qu'il a remportée , comme s'il
y avait réellement beaucoup contribué (2). » Mme de
Staël raconte qu'elle vit à une de ces courses,

(1) Il ne faut pas confondre les chevaux napolitains avec les
chevaux barbes. Ces derniers sont originaires de la côte d'A-
frique appelée Barbarie. On dit proverbialement que les barbes
meurent et ne vieillissent pas, pour dire qu'ils conservent leur
vigueur et leurs forces jusqu'au dernier moment. Aujourd'hui
les chevaux barbes, dont l'élève est puissamment encouragée par
le gouvernement français, servent à monter plusieurs régi-
ments de cavalerie légère. Ils donnèrent une preuve éclatante
de leur valeur, le 24 juin 1859, à la bataille de Solferino, où les
bataillons carrés des Autrichiens furent ouverts, dispersés,
culbutés par leur irrésistible élan.

(2) *Voyages d'Italie* par le P. Labat, vol. II, page 330.

un palefrenier se jeter à genoux devant son cheval vainqueur, le remercier et l'embrasser respectueusement; puis il le recommanda à saint Antoine, patron des animaux, avec un enthousiasme aussi sérieux en lui que comique pour les spectateurs (1).

Ces courses de chevaux libres ne ressemblent pas à celles dont se compose le carnaval anglais, *the Derby day*, qui a lieu vers la fin de mai, dans les vastes plaines d'Epsom, *Epsom's Downs*, à quelques lieues de Londres, et dans plusieurs autres parties de l'Angleterre.

Ce jour-là, le cheval est *gentilhomme*, gentilhomme *ruiné*, et les Anglais s'abandonnent à une gaieté extravagante, qui les pousse à faire des paris dont le chiffre total dépasse souvent huit et même dix millions.

Chose étrange! cette furie de spéculation qui, dans les îles Britanniques, fait dépendre du jarret plus ou moins rapide d'un pauvre cheval, déformé par *l'entraînement*, l'élévation ou la chute de fortunes colossales, se retrouve aussi insensée dans les îles de l'Océanie, où les habitants, passionnés pour les combats de coqs, exposent tout ce qu'ils possèdent aux chances de défaites et de victoires que soulèvent ces petits gladiateurs emplumés.

Nous avons dit qu'indépendamment de leur agrément, certaines courses pouvaient avoir leur

_____

(1) *Corinne*, livre IX, chap. 1er.

utilité. En effet, dans les contrées de l'Asie centrale, qu'arrose la rivière Amou-Daria (ancien Oxus), les chevaux acquièrent une très-grande perfection, sous le rapport de la vigueur et de la rapidité. Les Turcomans, que leurs mœurs nomades obligent à entreprendre de lointaines expéditions à travers d'immenses déserts privés de toute espèce de routes, façonnent leurs chevaux de manière à les rendre capables de parcourir des distances de huit cents kilomètres en six à sept jours au plus. Pour y parvenir, ils les soumettent à un régime bien différent de *l'entraînement*; ce régime consiste à les *rafraîchir* au moyen d'une nourriture très-simple et surtout très-réglée qui se compose d'herbe trois fois par jour, d'une certaine quantité d'orge, et d'un végétal nommé *djouri*, dont la tige contient beaucoup de substance sucrée et peu d'eau. Une heure après chaque repas, on leur fait faire une course dont la longueur et la durée sont savamment graduées.

Pour connaître si l'animal est arrivé à l'état de force et de vitesse désirable, on le conduit à l'eau; s'il boit copieusement, c'est signe qu'il n'est pas encore assez *rafraîchi*. Alors le traitement se continue jusqu'à ce que le cheval prouve par sa tempérance que son maître peut compter sur ses qualités acquises.

Ces chevaux de la Tartarie indépendante se font remarquer par une encolure magnifique. On assure qu'ils doivent ce précieux avantage à la manière dont leur écurie est éclairée. Ainsi, la fenêtre étant ouverte dans la toiture, l'animal s'accoutume à lever la tête et à prendre un noble port.

C'est parmi les chevaux des rives de l'Oxus, dont la race est extrêmement pure, qu'Alexandre le Grand choisit, trois siècles avant notre ère, son fameux cheval de bataille, auquel il donna le nom de *Bucéphale*, parce qu'il lui avait fait imprimer sur l'épaule gauche une tête de bœuf (1).

De même qu'en Angleterre, les courses de chevaux occupent le premier rang des fêtes nationales, de même en Espagne les courses de taureaux dominent les mœurs de la nation.

Traçons en peu de mots le tableau d'une de ces horribles fêtes, si chères aux Espagnols, et transportons-nous à Madrid, dont le cirque contient trente mille spectateurs. Entendez-vous ces effroyables mugissements, partis de toutes ces têtes dont la frénésie s'augmente par l'ardeur d'un soleil dévorant? Le combat va commencer; mais avant d'y assister, jetez les yeux à côté du cirque : vous y verrez une pharmacie et une chapelle. Dans l'une, des médecins sont consignés pour porter secours aux blessés ; dans l'autre, des prêtres se tiennent prêts à confesser les mourants et à dire la messe mortuaire.

(1) Du grec βους *bœuf*, κεφαλη *tête*.

C'est que la mort, avec son cortége de douleurs, plane sur le cirque, dont elle va faire les délices.

Les tauréaux destinés au combat sont tirés des pâtures les plus sauvages de l'Espagne. Pour les irriter, on les enferme, privés de lumière et de nourriture, pendant le jour qui précède la fête : et, avant qu'ils sortent de leur prison, une main exercée leur enfonce dans les chairs, à l'épaule gauche, un fer aigu en forme de dard, qui y fixe des touffes de rubans aux couleurs de leur maître.

Quand la trompette sonne, les Toréadors sont à leur poste (1). Dès que la barrière s'ouvre, le taureau s'élance au milieu de l'arène; mais au bruit des mille fanfares, aux vociférations des spectateurs, à l'éclat éblouissant de la lumière, inquiet, surpris, troublé, furieux, les naseaux fumants, les regards brûlants, il s'arrête.

Tout à coup, il se précipite sur un cavalier (picador) qui le premier l'a attaqué en le blessant avec sa lance et qui s'enfuit à l'autre extrémité de l'arène. Le taureau l'y poursuit, et c'est le cheval seul qui, un bandeau sur les yeux, dépourvu à dessein de tout harnais protecteur, reçoit en pleine poitrine la corne du monstre mugissant. Si le taureau est *collant*, expression qui indique la perfec-

(1) Les *Toréadors* sont les cavaliers chargés de combattre le taureau; les *Picadors* (piqueurs) l'attaquent avec la lance; les *Matadors* sont obligés de combattre à pied et de tuer les taureaux.

tion de la férocité, il s'acharne sur sa victime, la soulève, là laisse retomber à terre, lui fait d'affreuses blessures et la foule aux pieds, morte ou mourante, dans les flots de son propre sang.

Quant au Picador, on l'enlève pour le conduire, selon la gravité de son état, soit à la pharmacie, soit à la chapelle.

Il arrive souvent que le cheval est frappé dans le ventre. Alors, le généreux animal, pour obéir à son maître qui l'aiguillonne, continue sa course, traînant sous lui ses entrailles, que laisse échapper une large déchirure, et que lui-même met en lambeaux avec ses pieds poudreux.

A ce premier Picador, succède aussitôt un second. Son cheval, quoique les yeux bandés, se cabre : il a senti l'odeur du carnage : elle l'épouvante, tandis qu'elle enivre l'amphithéâtre altéré de sang. Le taureau, que des flèches lancées de toutes parts rendent de plus en plus impétueux, se rue en bondissant sur le cheval, le renverse et lui déchire le corps; et quand, fatigué de sa victoire, il relève sa tête couverte d'écume et du sang de ses victimes, le cirque tout entier s'ébranle sous ces cris mille fois répétés : *Bravo, taureau! Bravo, taureau!* auxquels les femmes en délire joignent des épithètes d'une tendresse exaltée : *Cher taureau! Aimable taureau!* etc.

Cependant, pour varier le spectacle, les Toréadors se livrent à des exercices d'une incroyable

audace. Tantôt ils affolent l'animal en faisant jouer
au-dessus de sa tête leur cape aux couleurs brillantes : tantôt ils l'attendent assis sur une chaise,
puis ils l'évitent avec une merveilleuse agilité, après
lui avoir enfoncé parallèlement dans les deux
épaules des flèches enrubanées ; tantôt, quand le
taureau fond sur eux la tête baissée, ils posent un
pied entre les cornes et le franchissent d'un bond.
Et toutes ces passes, variées à l'infini, provoquent
des applaudissements frénétiques qui font la gloire
des Toréadors.

Enfin, quand le taureau a successivement tué et
blessé cinq à six chevaux, l'ordre est donné au Matador de l'immoler. Au temps où la gracieuse souveraine honorait de sa présence ces nobles divertissements, c'était elle qui, avec un sourire *plein de
douceur*, accordait cet ordre d'extermination.

Alors commence la lutte entre l'homme et le
monstre. Après des passes multipliées au moyen
d'un drapeau écarlate, dans lesquelles le Matador
met en relief sa prodigieuse adresse et sa profonde
connaissance de la *tauromachie*, celui-ci plonge à
plusieurs reprises son épée, fine comme une ai-
guille, entre les deux épaules du taureau, qui, le
plus souvent, va expirer en mugissant sur le ca-
davre d'un des chevaux qu'il a éventrés.

A ce triomphe d'abattoir, les spectateurs té-
moignent, par des cris de joie, par des trans-
ports de bonheur et d'ivresse, combien est ef-

fréné leur amour pour ces antiques combats. (1).

L'intérêt de ces spectacles est en raison du nombre d'animaux qui y sont sacrifiés. Il n'est pas rare que l'hécatombe du plaisir se compose, par course, d'une douzaine de taureaux et d'une trentaine de chevaux (2).

Quel rôle est celui du cheval dans ces tueries amusantes ? passif, comme toujours. Ce généreux animal, exposé lâchement, sans aucune défense, au choc effroyable d'un ennemi irrésistible, sauve, en mourant, son maître qui le sacrifie à ses plaisirs les plus féroces. — Le taureau succombe en beuglant ; l'homme, qu'il soit acteur ou spectateur, fait entendre les cris les plus discordants, les clameurs les plus insensées... Seul le cheval, qui a servi de bouclier à son bourreau, expire silencieusement.

Il ne faut pas se faire illusion : cet amour exalté pour des jeux (3) où l'ingratitude envers le plus

(1) *Gonzalve de Cordoue*, livre V, par FLORIAN.

(2) Le contingent fourni chaque année à ce caprice de l'homme dépasse trois mille cinq cents chevaux tués sans aucune utilité.

(3) Cette passion est tellement ardente chez les Espagnols que dans les villes où les combats de taureaux ne peuvent avoir lieu, *ce qui ne met pas les habitants dans une situation à témoigner beaucoup de joie*, on les remplace par un hideux carnage des taureaux destinés à la boucherie. « C'est ordinairement le vendredi, après midi, qu'on en tue le plus grand nombre. Les bouchers lâchent les taureaux les uns après les autres, dans une place publique; ils lâchent en même temps un grand nombre de chiens qui attaquent l'animal de tous côtés, le mordent, le déchirent, se pendent à sa queue, à ses oreilles, et lui

utile serviteur, où un vil courage de spadassin pro
voquent l'enthousiasme délirant des masses, n'est
autre que la *soif mal déguisée du sang humain* (1).

Il m'avait semblé que ce serait en vérité bien servir
la dignité de l'Espagne que d'adresser une pétition
à la reine Isabelle II, alors qu'elle régnait, dans le
but d'obtenir la suppression de ces massacres.
Mais il fallait lui tenir un langage bien opposé à
celui avec lequel le trop chevaleresque auteur de
Gonzalve de Cordoue adule la fameuse Isabelle Iʳᵉ
à son entrée dans le cirque « où, dit-il, cette auguste reine, habile dans cet art si doux de gagner
les cœurs de son peuple en s'occupant de ses plaisirs, invite souvent ses guerriers au spectacle *le
plus chéri* des Espagnols. »

Si j'avais eu l'honorable mission de rédiger cette
pétition, je l'aurais faite à peu près en ces termes :

Madame,

« Seule entre toutes les nations, l'Espagne se
repaît de spectacles qui, vu leur inutilité, sont plus

arrachent des morceaux de chair sanglante. Une demi-heure
suffit aux chiens pour mettre le taureau tout en écume et dans
une fureur extraordinaire. Alors un boucher s'en approche *à
cheval*, et lui donne un coup de lance dans la grosse veine du
cou. Ce genre de tuerie rend la viande la plus vilaine et la
plus dégoûtante qu'on puisse voir ; mais on n'y regarde pas de
si près, pourvu qu'on jouisse d'un spectacle pour lequel on perd
le boire et le manger. » *Voyage en Espagne* du père LABAT,
t. I, p. 385.

(1) M. RONDELET, professeur de philosophie.

barbares que les combats livrés, dans l'antiquité païenne, aux bêtes féroces, parce que ces combats avaient pour but la destruction des races d'animaux nuisibles à l'homme.

« Un jour, au cirque, le peuple de Constantinople demandait des athlètes pour combattre des bêtes féroces. L'empereur Théodore II, qui était présent, se leva en s'écriant : « Romains, ne savez-vous « donc pas que là où nous sommes, il ne peut se « passer rien de cruel et d'inhumain? » Et le peuple du Bas-Empire, si passionné pour les gigantesques massacres des arènes, se fit docile à la voix de son jeune empereur (1). Ces belles paroles, en traversant quinze siècles, n'enseignent-elles pas aux rois que ce n'est pas avec des jeux cruels qu'on *élève l'âme des nations?*

« Jamais Blanche de Castille, la plus magnifique intelligence dont s'honore le XIIIe siècle, et dont le peuple disait qu'elle était *la bonne fortune de la France*, jamais Blanche de Castille ne permit que les spectacles sanglants de l'Espagne devinssent ceux de sa patrie adoptive !

« En 1667, Louis XIV supprima (2) *pour toujours* les courses de taureaux qu'un mauvais génie avait introduites dans la ville de Beaucaire, par ces motifs *qu'il y arrivait de graves accidents et qu'il s'y*

(1) LEBEAU, *Histoire du Bas-Empire*, année 435.
(2) Par ordonnance du 27 février, datée de Saint-Germain en Laye.

commettait beaucoup d'insolences. Et lorsque Philippe, son petit-fils, fut appelé au trône d'Espagne (1), ces courses n'obtinrent plus, même à Madrid, qu'un très-médiocre crédit. Enfin, le roi Don Louis de Portugal a décidé, en 1867, qu'elles seraient abolies dans toute l'étendue de son royaume.

« O vous, Madame, qui descendez de Louis XIV par Philippe V, le fondateur de votre maison, imitez notre grand roi : retranchez à jamais des réjouissances publiques, ces cruels divertissements qui furent importés par les Sarrasins victorieux dans les mœurs des vaincus. Si la reine Isabelle Iʳᵉ eut la gloire d'affranchir son peuple d'une domination huit fois séculaire, vous aurez celle non moins grande de prouver à la civilisation, qu'au sang des Espagnols n'est plus aujourd'hui mêlé le sang des barbares de la conquête.

« Daignez agréer, etc. »

Mais cette pétition aurait eu le sort qui est réservé à la Vérité ; elle n'aurait pu pénétrer dans la demeure de la souveraine ! Y fût-elle entrée qu'elle aurait fait sourire de pitié. Les lignes suivantes, extraites d'une correspondance qui a eu un grand retentissement, prouvent qu'en effet elle n'y aurait reçu qu'un accueil ironique. Elle est datée du 3 mars

(1) En 1700.

1874. « Je vais quitter Madrid, la ville paresseuse, le centre administratif des Espagnes, la capitale de ce vaste pays si peu peuplé, si plein de contrastes frappants. Je vous entretenais hier des jeunes conscrits; aujourd'hui, il est question des *courses de taureaux*. On a tant parlé de ce sanglant amusement que je m'abstiendrai complétement de vous donner des détails. Qu'il me suffise de vous dire que dix-huit malheureux chevaux ont été éventrés et ont expiré dans l'arène, trois picadores ont été emportés, brisés, hors de l'enceinte, et six magnifiques taureaux ont été plus ou moins maladroitement immolés. Le sang a une influence mystérieuse sur le tempérament de ce peuple bizarre; car des gens doux, aimables, pleins de bon sens et d'esprit deviennent, dès qu'ils sont en face de ce jeu barbare qu'on appelle *corridas de toros*, de véritables sauvages, avides d'émotions et de péripéties dramatiques. »

« Je n'ai pu m'empêcher de faire observer cette particularité à M. Castelar, auquel je venais de faire ma visite de départ. Mon indignation ne l'a point étonné; il m'a avoué n'avoir été qu'une seule fois en sa vie aux courses et en avoir gardé un souvenir ineffaçable. En mainte occasion, quelques députés humanitaires ont pris l'initiative et ont demandé aux cortès la suppression définitive des courses. La motion a obtenu à peine quelques voix timides, et encore la timidité des auteurs a-t-elle été vivement remarquée. Depuis lors, personne n'a eu le courage de revenir à la charge. »

Mais honneur à la France qui vient d'interdire à jamais ce spectacle malsain, qu'une spéculation éhontée avait introduit dans le midi ! Rendons à la Société protectrice des animaux de Paris cet hommage que c'est par l'intermédiaire de son éminent Président, M. Valette, qu'elle a vu enfin ses généreux efforts couronnés de succès. Cette interdiction, prononcée le 4 septembre 1873, marque un nouveau progrès moral dont notre nation doit se montrer fière.

Puisque nous avons porté nos pensées et nos vœux vers l'Espagne, arrêtons-nous un instant sur la route qui y conduit, et cherchons à savoir quelle peut être la destination des marais ou plutôt des cloaques creusés dans les environs de Bordeaux.

Personne n'ignore que depuis quelques années, on s'est éperdument épris des saignées faites par les sangsues, à tel point que la France seule consomme annuellement plus de soixante millions de ces annélides. Et, comme la reproduction naturelle ne suffit pas à alimenter les besoins du commerce, des spéculateurs avides ont recours à des moyens factices : ils font l'*élève des sangsues* en jetant chaque année dans ces marais immondes, à la voracité des sangsues, de *dix-huit* à *vingt mille* chevaux *vivants !*

Pour arriver aux lieux infects de leurs tortures, les malheureux chevaux destinés au gorgément des sangsues sont souvent obligés de faire un trajet de cinq à six jours, pendant lequel ils ne reçoivent aucune nourriture : et, comme leur fatigue et leur faiblesse sont extrêmes, et qu'ils ont peine à se soutenir, ils sont l'objet des traitements les plus sauvages.

Dès qu'ils ont été jetés dans les compartiments des marais, ils sont assaillis par des myriades de sangsues qui s'attachent à toutes les parties submergées de leur corps, les sucent jusqu'à satiété et n'abandonnent les plaies béantes qu'au profit d'une succession non interrompue de nouvelles annélides.

Tous les efforts que font les pauvres chevaux pour se débarrasser de leurs innombrables ennemis restent impuissants, et n'ont d'autre effet que d'attester le martyre que leur causent ces vampires.

Les chevaux qui résistent à cet affreux supplice, sont, après le *travail*, « conduits dans de maigres pâturages pour y refaire le sang qui leur a été enlevé. » Puis, on les ramène aux cloaques où les attend de nouveau la dévorante succion des sangsues. Cette alternative d'insuffisante réfection et d'énergique épuisement se renouvelle quinze à vingt fois du commencement d'avril jusqu'au 15 juin, et du commencement d'octobre jusqu'au milieu de novembre.

La campagne terminée, le cheval prend ses quartiers d'hiver dans des écuries spéciales où il est traité et nourri par les spéculateurs qui, ne faisant nûllement parade d'humanité, se garderaient bien d'entamer, pour le sustenter un peu, les bénéfices du cloaque, dont le chiffre dépasse, chaque année, six millions de francs.

Nous sortirions de notre cadre si nous parlions des maladies épidémiques qui déciment les populations rapprochées de ces marais d'où s'exhalent des miasmes pestilentiels produits par les cadavres des chevaux ensevelis dans la vase. Nous nous abstiendrons surtout de faire connaître les dangers auxquels sont exposés les malades qui font usage de sangsues gorgées par des chevaux trop souvent entachés d'épizootie. Mais nous affirmerons que l'alimentation des sangsues par les chevaux n'est plus qu'une odieuse spéculation, puisque les médecins préfèrent aux sangsues elles-mêmes les *ventouses scarifiées*, dont l'emploi est plus sûr, plus régulier et plus rationnel.

Ici, comme dans bien d'autres cas, l'homme est victime de sa cruauté !

Bien que les cruels procédés de l'*hirudiculture* (1) des marais à chevaux n'aient rien à démêler avec la science, il n'en est pas moins vrai que, dans la pratique, cette même science fait usage des *suceuses* pour l'élevage desquelles sont torturés des milliers du *plus excellent des animaux*.

______

(1) Du latin *hirudo*, sangsue.

Mais il y a des savants qui sont affligés de la monomanie d'expérimenter sur la nature vivante dont ils font le plus odieux *gaspillage* (1). Ces faiseurs d'expériences, en disséquant les animaux vivants, dépassent tout ce que l'imagination peut inventer de plus cruel.

Tel est l'objet futile, tel est le résultat atroce de la VIVISECTION, qui signifie *couper vivant.*

De même que l'épée des préposés à la destruction en masse fait couler sur les champs de bataille des flots de sang humain pour une idée souvent absurde, de même le scalpel des vivisecteurs soulève, sur le champ de la science, les plus effroyables mutilations, y répand les plus inimaginables douleurs, sous le prétexte fallacieux du soulagement hypothétique de quelques maladies qui pourront bien ne pas naître.

Un homme dont le nom ne saurait être prononcé sans faire éprouver une profonde tristesse, *Magendie,* s'était constitué l'apôtre de la vivisection.

Quels progrès devons-nous aux expérimentations sorties de toutes ses hécatombes sanglantes ? aucun. « Magendie a sacrifié quatre mille chiens « pour établir, d'après Charles Bell, la distinction « des nerfs sensitifs et des nerfs moteurs ; puis il « en a sacrifié quatre mille autres pour prouver « qu'il s'était trompé (2). »

(1) Le docteur DUMONT.
(2) M. FLOURENS. Citation du docteur BLATIN, page 201.

Entrons dans une des salles de l'école d'Alfort et, si vous en avez le courage, voyons à l'œuvre les apprentis vivisecteurs.

Six à sept chevaux sont mis à la disposition de plusieurs groupes d'élèves : le groupe se compose de huit jeunes opérateurs.

Dès qu'un cheval est livré à un groupe, chaque tourmenteur s'empresse de pratiquer les opérations portées au programme de l'école : les saignées aux veines du cou, le passage des sétons à travers la peau, les blessures dans les différentes artères. Puis il coupe les muscles de la queue, ponctionne la vessie et fend les organes qui s'y rattachent. Voilà pour la première série !... Aujourd'hui les autres opérations se font sur les cadavres (1).

Nous regrettons de ne pouvoir reproduire ici l'opinion de tous les illustres docteurs et publicistes qui flétrissent énergiquement des pratiques aussi contraires à l'humanité que dépourvues de raison et de justice ; mais nous publierons *in extenso* une lettre dont nous a honoré un des membres les plus

(1) Les nombreux travaux de la Société protectrice, parmi lesquels nous nous empressons de signaler les remarquables mémoires du docteur Blatin, n'ont pas peu contribué à la réglementation toute récente de la vivisection. Les arrêtés du ministre de l'agriculture en date des 20 février et 18 août 1867 réduisent à six le nombre des opérations sur l'animal vivant et ordonnent que *l'animal sera tué, par le procédé le plus prompt et le moins douloureux, immédiatement après qu'elles seront terminées.* — C'est le prélude de la suppression complète de la vivisection.

éminents de l'Académie de médecine, un savant
qui se distingue par les excellentes qualités de son
cœur et de son esprit.

« MONSIEUR,

« Oui, Monsieur, croyez-le bien, et ne craignez
pas de le proclamer très-haut, la vivisection, ainsi
que j'ai pu le dire et l'écrire dans maintes occasions,
et quelles que soient d'ailleurs les prétentions de
ses plus fervents adeptes, la vivisection n'est et ne
peut être qu'une ÉCOLE NORMALE DE CRUAUTÉ.

« Toutes les prétendues découvertes qu'elle a cru
pouvoir s'attribuer (1) auraient pu se passer d'elle,
car elles étaient acquises à la science par la simple
observation physiologique et pathologique, éclairée
des lumières de l'anatomie nécroscopique ; et c'est
après les avoir passées en revue toutes sans exception, que j'ai pu me convaincre que la vivisection

(1) Dans un savant mémoire, qui a été couronné, le 28 juin
1868, en séance publique, par la Société protectrice des animaux,
de Paris, M. AUBRION de Montmirail prouve aussi que toutes
les grandes découvertes médicales sont antérieures à l'invention
de la vivisection. — Nous ajoutons que le célèbre Fagon, médecin de Louis XIV, qui, en 1658, osa démontrer la circulation
du sang, que les vieux docteurs regardaient alors comme un
paradoxe, n'eut jamais recours à la vivisection. C'est ce même
Fagon qui s'est élevé contre l'usage du tabac, en soutenant,
preuves en mains, que *frequens nicotianæ usus vitam abbreviat.*

n'y a pris d'autre part que celle d'un contrôle au moins superflu, et d'un bien triste luxe de démonstration qu'on n'a pas craint d'introduire dans l'enseignement, par tous les genres de tortures infligés à des animaux sains et vivants, sans nécessité, sans pitié, comme s'il n'y avait pas là quelque chose qui tient de la férocité des cannibales.

« Au point de vue de la pratique, c'est la déraison qui le dispute à la cruauté. On a osé dire que c'est dans l'intérêt de l'homme et des animaux même que l'on peut justifier la vivisection, en ce qu'il faut exercer les élèves sur des animaux vivants pour les familiariser avec la nature humaine, en ce qu'il faut aussi *mutiler le vivant pour se faire humain*, pour opérer plus sûrement, plus adroitement, « tout comme il faut apprendre la sculpture sur « une pâte malléable avant de travailler sur le « marbre. »

« De pareils arguments ne souffrent aucune objection et tombent d'eux-mêmes ; vous les flétrirez d'un juste mépris, et cela vous sera facile.

« C'est une belle et noble tâche que vous avez entreprise, Monsieur, et je ne puis assez vous en féliciter. C'est une bonne action que vous aurez accomplie dans l'œuvre que vous poursuivez, et croyez que je m'associe de cœur et d'âme au sentiment qui vous l'a inspirée ; car, je ne crains pas de vous le répéter, au triple point de vue des progrès de la science, de l'enseignement et de la pratique de l'art, LA VIVISECTION NE PEUT ÊTRE QU'UNE ÉCOLE NORMALE DE CRUAUTÉ.

« Veuillez agréer l'expression des sentiments de vive sympathie, etc.

« Le docteur P. JOLLY.

• Paris, le 8 juin 1868. •

Eh! qui donc, en présence de tant d'atrocités, ne se sent pas pressé de s'écrier avec une autre de nos célébrités médicales les plus autorisées, le docteur AMÉDÉE LATOUR, rédacteur en chef de l'*Union médicale :* « Ce que vous faites, et tel que vous le faites, « est affreux et immoral? »

Le cadre de cette conférence ne nous permettant pas de nous livrer à de plus amples développements, surtout après les nobles et chaleureuses appréciations du docteur Jolly, nous terminerons cette branche de nos cruautés par un rapprochement qui résume bien la valeur de la vivisection. A Rome, on avait institué des prêtres, nommés Aruspices, qui étaient chargés d'examiner, à l'autel, les entrailles palpitantes des victimes pour en tirer des présages. L'exécution des entreprises les plus importantes dépendait du caprice de ces Aruspices, dont la science n'était évidemment qu'une *pieuse* et *lucrative fourberie.*

Si, assure-t-on, deux Aruspices ne pouvaient se regarder sans rire, comment, aujourd'hui, doivent se regarder, ou comment doivent être regardés les gens qui prétendent saisir les mystères de la vie au milieu des convulsions et des perturbations de tous les organes outragés à la fois par des *puérilités scientifiques?*

La guerre est l'expression suprême du génie cruel et destructeur de l'homme. Ses désastres surpassent ceux que causent les bouleversements de la nature.

Faut-il croire, avec les poëtes que nous avons cités, que le cheval comprend et partage les passions belliqueuses qui animent les guerriers ? Non : mais il est docile, imitateur et emporté par l'émulation.

Le sort des chevaux en campagne est affreux. M. Decroix en a fait un tableau des plus lugubres. Il raconte qu'à Balaclava (Crimée), pendant l'hiver de 1854 à 1855, presque tous les chevaux périrent de misère. — Le 23 juin 1859, à Solférino, l'armée autrichienne se retire devant l'armée française. Les chevaux sont massés sur la rive gauche du Mincio où ils passent la nuit à faire un retour offensif. Pendant la journée du lendemain, ils ont à supporter la chaleur, la faim, la soif et toutes les fatigues des évolutions; le soir, ils battent en retraite pour fuir durant toute la nuit du 26, sans boire ni manger.

De même que le ministre de l'agriculture ordonne qu'après les vivisections, les chevaux soient ache-

vés sans délai, de même le ministre de la guerre
devràit bien exiger que les généraux fissent tuer
les chevaux mutilés qui restent plusieurs jours sur
les champs de bataille, sans pouvoir mourir. — Quelquefois l'ennemi leur coupe les jarrets, comme il
encloue les canons, pour les mettre hors de service.

§ III.

Arrivés à la catégorie comprenant les travaux
d'utilité, nous ne sommes plus spectateurs d'atrocités à durée limitée, mais bien de cruautés et de
souffrances non interrompues qui commencent dès
que le cheval, après une courte jeunesse de deux
ou trois ans, est mis en œuvre, et qui ne finissent
que par une mort prématurée, due à la cruauté la
plus violente et la plus insensée.

En voyant circuler chaque jour, sur la voie publique, des omnibus, des fiacres, des charrettes,
des tombereaux, des voitures de déménagement,
et, sur les rivières, des bateaux halés, personne ne
se rend compte des tortures qui se produisent partout
et toujours. — Les chevaux d'omnibus sont forcés
d'arrêter nombre de fois le lourd véhicule alors
qu'ils venaient d'être lancés vigoureusement. — Aux
fiacres ne sont attelés que des chevaux vieux, infir-
mes et déformés par toutes les misères. Lorsqu'ils
étaient jeunes et superbes, on leur donnait gîte
splendide et nourriture abondante : aujourd'hui,
ils stationnent sur les places et dans les rues, le

jour et la nuit, exposés à toutes les températures
extrêmes, et réduits à une pitance insuffisante.
« On raconte l'histoire d'un célèbre cheval de
course qui, après avoir passé de main en main, fut
vendu vingt-cinq francs à un cocher de fiacre. Ce
cheval avait rendu millionnaire le maître auquel
il avait appartenu (1). » Que de nobles coursiers
montés par des souverains sont également devenus,
dans leur vieillesse, des chevaux de fiacre ou de
tombereau! La Cour de Russie se montre plus juste
et plus reconnaissante envers ses serviteurs. Il
existe, dans le parc de Tzarskoë-Selo, un Hôtel-
Impérial des chevaux invalides. Ceux qui meurent
sont enterrés dans un cimetière annexé à l'hôtel,
et recouverts de pierres tumulaires, qui indi-
quent leur nom, celui des souverains qui ont *daigné* les monter, et les batailles mémorables auxquelles ils ont pris part. — Vous qui admirez le
nouveau Paris, si splendide, si merveilleux, vous
êtes-vous inquiétés du nombre de chevaux morts
pour avoir *enlevé* les tombereaux descendus dans
les fouilles? Pourtant un mot sévèrement prononcé
eût empêché toutes ces brutalités qui nous révol-
tent et nous déshonorent, et les travaux n'en auraient
pas été moins bien exécutés. — Les déména-
gements se font avec des chevaux qu'on soustrait
pour quelques jours au clos d'équarrissage. Les

(1) Mme la comtesse de CORNEILLAN.

coups leur tiennent lieu de nourriture. — Les chevaux de halage soumis à une traction oblique font des efforts extrêmement douloureux. Quelquefois ils sont entraînés dans les eaux, où ils se noient.

Il nous faudrait écrire bien des pages pour compléter, dans tous ses hideux détails, le martyrologe du cheval. Nous nous contenterons de rappeler nos CONSEILS AUX COCHERS ET AUX CHARRETIERS, en faisant des vœux, toutefois, pour qu'on nous affranchisse enfin de la tyrannie du fouet, qui s'empare de toutes les voies publiques, et qui y domine, la nuit et le jour, par la force la plus brutale, par l'ignorance la plus grossière, par l'ivresse la plus insolente, par les juremens les plus éhontés et par les bruits les plus assourdissants dont les charretiers ont seuls le privilége (1).

Pour reposer notre esprit fatigué de tant de turpitudes et de hontes, écoutons, dans sa douce poésie, l'Arabe au tombeau de son coursier (2) :

> Ce noble ami, plus léger que les vents,
> Il dort couché sous les sables mouvants.
>
> O voyageur, partage ma tristesse !
> Mêle tes cris à mes cris superflus !
> Il est tombé, le roi de la vitesse :
> L'air des combats ne le réveille plus !

(1) En Suède, le fouet est interdit, et les chevaux n'en font que mieux leur service.
(2) MILLEVOYE.

Il est tombé dans l'éclat de sa course;
Le trait fatal a tremblé sur son flanc,
Et des flots noirs de son généreux sang
S'est altéré le cristal de la source.

Du meurtrier j'ai puni l'insolence;
Sa tête horrible aussitôt a roulé.
J'ai dans son sang abreuvé cette lance,
Et, sous mes pieds, je l'ai longtemps foulé.
Puis, contemplant mon coursier sans haleine,
Morne et pensif je l'appelai trois fois!...
En vain, hélas! Il fut sourd à ma voix....
Et j'élevai sa tombe dans la plaine.

Depuis ce jour, tourment de ma mémoire,
Nul doux soleil sur ma tête n'a lui.
Mort au plaisir, insensible à la gloire,
Dans le désert, je traîne un long ennui.
Cette Arabie, autrefois tant aimée,
N'est plus pour moi qu'un immense tombeau.
On me voit fuir le sentier du chameau,
L'arbre d'encens, et la plaine embaumée.

Quand du midi le rayon nous dévore,
Il me guidait vers l'arbre hospitalier,
A mes côtés il combattait le Maure,
Et sa poitrine était mon bouclier.
De mes travaux compagnon intrépide,
Fier et debout dès le réveil du jour,
Aux rendez-vous et de gloire et d'amour
Tu m'emportais semblable au vent rapide.

Tu vis souvent cette jeune Azéide,
Trésor d'amour, miracle de beauté.
Tu fus vanté par sa bouche perfide :
Ton cou nerveux de sa main fut flatté,
Moins douce était la timide gazelle;
Des verts palmiers elle avait la fraîcheur.
Un beau Persan me déroba son cœur...
Elle partit... tu me restas fidèle.

Ce noble ami plus léger que les vents,
Il dort couché sous les sables mouvants.

TROISIÈME PARTIE

SON UTILITÉ ALIMENTAIRE

> Malheureux, laisse en paix ton cheval vieillissant,
> BOILEAU.

Si par la pensée nous groupons sous nos yeux, en les résumant, toutes les cruautés dont il vient d'être démontré que *ce noble ami, ce compagnon indispensable*, est la victime la plus tourmentée, chacun de nous se sentira irrésistiblement porté à rechercher les moyens les plus propres à diminuer tant de douleurs.

Aussi faut-il reconnaître que la Société protectrice, en *rendant* à la consommation alimentaire le cheval qui en avait été proscrit pendant plusieurs siècles, a atteint un double but. D'abord elle le soustrait aux tortures qui, sur ses derniers jours, augmentent au fur et à mesure que le *vieillard*, passant par des mains de moins en moins intelligentes (1), s'affaiblit par des privations, par des

(1) Je vis un jour tomber, accablé par l'âge et par la faim, un cheval attelé à une charrette des *quatre-saisons*. Pour le remettre debout le marchand le soulevait par la queue et lui donnait des coups de pied. Je reprochai à cet homme sa cruauté. Il me répondit en ricanant stupidement : « Telle que vous la voyez, cette bête n'a plus de dents et n'a pas mangé depuis

souffrances et par des travaux excessifs ; ensuite, elle en fait un précieux auxiliaire de la santé publique après la mort prompte et relativement peu douloureuse de l'animal.

N'est-il pas déjà prouvé que, du moment que les spéculateurs trouvent avantage à ménager et à *parer* le cheval pour l'alimentation, on lui accorde des jours de repos, soit dans de gras pâturages, soit dans des écuries où abonde une nourriture confortable ?

Mais, dira-t-on, voulez-vous donc nous faire manger de vieux chevaux ? La réponse sera faite, si vous le permettez, par un des plus grands hygiénistes contemporains. « Cette viande, a écrit le docteur Parent-Duchatelet en 1836, répare les forces et consolide la convalescence des malades : bien loin de déterminer des maladies, elle a fait disparaître une épidémie scorbutique (1). Et il n'est pas nécessaire pour cela que les animaux soient

quatre jours. Ah! si j'avais un bâton, je la ferais bien marcher encore, car il faut qu'elle *me gagne*, avant d'aller chez l'équarisseur, les dix francs qu'elle m'a coûtés. » De semblables faits se reproduisent tous les jours et provoquent les grossiers quolibets des badauds. Combien il est à désirer que l'éducation populaire fasse disparaître de nos mœurs cette brutalité aussi inepte que honteuse!

(1) Le célèbre baron Larrey a écrit qu'en Égypte, au siège d'Alexandrie, en 1798, il se rendit maître du scorbut par la viande de cheval. « Je fus assez heureux pour fixer, par mon exemple, une entière confiance sur cet aliment. Nos malades s'en trouvèrent fort bien; et j'ose vous dire que ce fut le principal moyen à l'aide duquel nous arrêtâmes les progrès de la maladie. »

gras et qu'ils n'aient jamais pâti : on peut aussi bien obtenir ces bons effets avec des chevaux exténués par la faim et réduits à une maigreur très-grande. »

L'illustre Isid. Geoffroy-Saint-Hilaire, dans son traité *Sur l'usage alimentaire de la viande de cheval*, et le savant docteur N. Joly, professeur à la faculté de Toulouse, proclament cette viande comme très-nourrissante et son bouillon *comme le meilleur peut-être que l'on connaisse.* A ces autorités je ne crains pas d'ajouter mon affirmation personnelle.

Les chimistes les plus éminents, parmi lesquels nous citerons seulement MM. Chevreul, Régnard et Liébig, ont étudié scientifiquement la chair du cheval. Ils ont reconnu et constaté que, par ses principes constituants, elle a un titre supérieur à celle du bœuf et, bien plus, qu'elle contient en plus grande proportion que la chair de bœuf de la *créatine.* Cette substance, découverte depuis quelques années par M. Chevreul, est considérée comme jouant un très-grand rôle dans les actions vitales (1). Elle est tirée de l'extrait aqueux de la chair musculaire. On a trouvé, en outre, que cette viande contient en plus grande quantité que les autres des principes ferrugineux qui font qu'elle est plus nutritive et plus salubre.

Après le grand banquet hippophagique, qui eut

(1) Le docteur BORIE, *De la viande de cheval,* p. 575.

lieu le 9 juillet 1866, chez Lemardelay, nous écri-
vîmes les lignes suivantes : « Puisse un jour la viande
« de cheval apparaître, comme dans l'antiquité, sur
« les tables les plus somptueuses ! A cet exemple
« imposant, elle obtiendrait, au profit de tous, la
« même faveur que la pomme de terre quand elle
« fut anoblie et démocratisée, en 1783, par une
« bouche royale. »

Comme nos vœux se réalisent chaque jour, nous
n'avons plus à nous occuper du préjugé qui, en
France, la faisait rejeter de la consommation ; et
puisque ce préjugé est à peu près vaincu (1), jetons
un regard vers le passé pour nous convaincre que
cette chair était en grand honneur chez les peuples
anciens.

Le mot *hippophage* n'est point de date récente.
Les auteurs nous apprennent que les Scythes avaient
reçu des Grecs le nom d'*hippophages* parce qu'ils
se nourrissaient de la chair de leurs coursiers. On
sait que les Grecs appelaient *Scythes* ou βαρβαροι,
étrangers, tous les peuples qui ne parlaient pas pu-
rement la langue grecque.

(1) Indépendamment de l'ordonnance du préfet de police en
date du 9 juin 1866, qui réglemente la vente de la viande de
cheval, l'administration a recours à des moyens très-ingénieux
pour constater la qualité et l'*identité* de cette viande, à son entrée dans Paris. C'est ce qui résulte d'une lettre fort intéres-
sante que nous a écrite M. l'inspecteur, le 27 mai 1867, et d'où
nous avons tiré cette conséquence que les autres viandes n'offrent pas autant de garanties de surveillance.

Au reste, il est incontestable que les peuples guerriers qui avaient de la cavalerie se nourrissaient de la viande de cheval, tandis que ceux qui n'en avaient pas ou peu, comme les Grecs et les peuples pasteurs, ne mangeaient que de la viande de bœuf; ce qui aurait dû, par réciprocité, leur valoir le surnom de Bosphages, de βοῦς φαγω.

Hérodote, qui vivait au ivᵉ siècle avant l'ère chrétienne, raconte que les Perses, ces puissants dominateurs de l'Asie entière, célébraient, comme le plus important de la vie, le jour de la naissance. « Ce jour-là, dit-il (*Histoire*, liv. I. Clio), on met plus de viandes sur la table qu'à l'ordinaire; aussi les riches y font-ils servir des bœufs, des chameaux, des CHEVAUX, et des ANES rôtis tout entiers; mais les pauvres ne fêtent ce grand jour qu'avec de petits animaux. » Chez les Massagètes (ces formidables guerriers qui, en 529 avant J.-C., vainquirent les armées du fameux Cyrus, *roi soleil*, comme notre Louis XIV), les prêtres, nommés Mages, faisaient leurs délices de la chair de cheval. « C'est pourquoi, ajoute le même historien, ils aimaient à immoler le plus rapide de tous les animaux au SOLEIL, qui est *le plus rapide de tous les dieux*. »

Les Hébreux mangeaient du cheval. Nous voyons au chapitre VII du quatrième livre des Rois, que, pendant la guerre contre les Syriens, *presque tous les chevaux qui étaient dans Israël furent mangés*.

Les Druides, ministres de la religion chez les

Gaulois, nos ancêtres, faisaient, comme les Mages des Massagètes, leurs repas des chevaux offerts en sacrifice à leurs divinités. Ce fut pour détruire jusqu'au souvenir de leur religion que le pape Grégoire III, en 732, déclara *immonde* la chair du cheval et défendit aux chrétiens d'en manger (1).

En terminant, faisons des vœux pour que l'homme, si ardent à trouver et à multiplier les engins de destruction, devienne, sous le souffle inspirateur de la civilisation, plus ingénieux encore à enlever à la mort qu'il répand partout, le cortége horrible des douleurs. La civilisation ne sera une vérité que quand il fera servir les forces de son intelligence à prévenir ou à diminuer jusqu'aux limites les plus extrêmes du possible, et dans toutes les sphères d'activité, cette pression cruelle qu'il exerce aveuglément sur les êtres animés. A l'œuvre donc, vous qui m'avez écouté, vous qui m'avez lu !

(1) *Histoire ecclésiastique* de l'abbé FLEURY, t. IX, liv. 42, § 10. — KEYSLER, *Antiquitates celticæ.* — Le docteur BORIE, p. 569.

LES DEUX MÈRES

FABLE

Couronnée aux Jeux Floraux de Toulouse (1).

« Allons donc, Pierrot, lève-toi :
Va voir au bois si la couvée
De pinsons ne s'est point sauvée.
Ouvre les yeux, écoute-moi ;
Je te promets, foi de Nicole,
Que tu n'iras pas à l'école
Si tu me rapportes le nid,
Et si tu ne fais pas d'accrocs à ton habit. »

Le bambin, tout joyeux, à sa mère obéit
En faisant sur son lit plus d'une cabriole.
Au bois il courut et trouva,
Sous l'aile de leur tendre mère,
Des pinsons la famille entière.
Il s'en saisit et soudain s'esquiva ;
De l'arbre sain et sauf il parvint à descendre.
« Comme ils sont beaux, comme ils sont grands !

(1) Cette fable a été dite avec le plus légitime succès, le 2 juin 1872, à la séance publique annuelle de la Société protectrice des animaux (de Paris), par Mlle Marie Martin de la Comédie-Française. Depuis, elle a été récitée par les élèves des écoles dans un grand nombre de distributions de prix.

La conservation des oiseaux utiles à l'agriculture étant aujourd'hui une question qui préoccupe tous les esprits sérieux, nous avons reproduit cette poésie qu'il serait bon de confier à la mémoire des enfants ; car il y a solidarité entre tous les actes de protection.

Se dit Pierrot; il était temps,
Par ma foi! de les venir prendre. »

Dans son âpre douleur, la mère des pinsons
Le suivit voltigeant de buissons en buissons.
Sa voix, plaintive et désolée,
Se perdait au travers de l'aubépine en fleurs,
Sans pouvoir attendrir le petit dénicheur ;
Lequel, d'un pas rapide, au fond de la vallée
Où de Nicole était l'humble chalet,
Bruyamment emportait sa proie.

« En m'installant ici, dit-elle, en ce bosquet,
Il faudra bien que je les voie,
Je veillerai sur eux et la nuit et le jour,
Je me poserai sur leur cage :
Je leur dirai notre ramage,
Je leur porterai tour à tour
Et notre douce nourriture
Et l'espoir de la liberté !
Car de leur cage un jour devinant la serrure,
Je mettrai bien un terme à leur captivité. »

Pendant ces derniers mots qui charmaient sa tristesse
Elle entendit Nicole en son jardin
Dire gaîment à son bambin :

« Ils sont vraiment de la plus belle espèce :
Aussi pas plus tard que demain,
J'irai de bonne heure à la ville ;
Rien ne me sera plus facile
Que d'y vendre ces cinq petits
Deux francs au moins : — c'est un bon prix ! »

« Les vendre ! s'écria la mère infortunée,
Mais je ne pourrai plus suivre leur destinée !

Où porterai-je mes regrets
Si l'on m'en sépare à jamais !
Toi qui connais aussi le bonheur d'être mère,
D'une mère, Nicole, écoute la prière :
Rends-moi mes chers petits ! Juge de ma douleur
Par les affreux tourments qu'éprouverait ton cœur
Si, par hasard, des mains traîtresses
Enlevaient ta famille à tes douces caresses !

On meurt frappé de moindres maux ;
Rends-les-moi ; nous viendrons souvent dans ton enclos
Préserver les fruits les plus beaux
De l'insecte qui les dévore.
Oh ! oui, je ferai plus encore :
Pendant les sublimes concerts
Qu'en commun font nos voix au Dieu de l'univers,
La mienne, plus harmonieuse,
Priera pour que tu sois chaque jour plus heureuse. »

A ce discours d'abord Nicole s'attendrit
Et semble disposée à remettre le nid...
Mais soudain elle réfléchit
Que ce serait perdre une bonne aubaine
Pour épargner seulement quelque peine
A ce simple animal : l'intérêt l'emporta,
Et sans remords Nicole au marché les porta.

Pendant l'absence de sa mère
Pierrot devint le gardien du chalet :
Libre de son école il entre dans sa sphère
En jouant tour à tour aux billes, au palet,
Et surtout en faisant la roue et la culbute
Qu'avec adresse il exécute
D'un bout à l'autre du hameau.

Cependant un rôdeur, couvert d'un long manteau,
A remarqué Pierrot. « C'est bien là mon affaire,
Se dit-il; comme il est svelte, adroit et léger!
Il me faut dans le bois tâcher de l'engager. »

Rien ne fut plus facile à faire!
Derrière la montagne, à travers la forêt,
L'étranger ravisseur entraîna sa victime
Et la vendit bientôt à des faiseurs d'escrime,
A des bouffons fameux dans l'art du moulinet.

Lorsque Pierrot, après quatorze ans d'esclavage,
Put enfin revenir vers le pauvre héritage,
Nicole en son chagrin avait trouvé la mort!
Il se souvint alors de l'oiseau du bocage
Dont la voix suppliante avait prédit son sort!
Et pour servir d'exemple aux enfants du village
Maintes fois il leur dit les maux de son jeune âge.
En terminant ainsi, dans son simple langage :

« S'il est vrai qu'un bienfait ne soit jamais perdu,
Dieu punit tôt ou tard une action mauvaise.
Dans l'Évangile, enfants, bien souvent je l'ai lu :
Soyons toujours humains, n'ayons pas d'autre thèse. »

Mme ADÈLE DE BEAUPRÉ,
membre de la Société protectrice.

FIN.

[IMPRIMERIE EUGÈNE HEUTTE ET Cᵉ, A SAINT-GERMAIN.

DU MÊME AUTEUR

LE LIVRE DES DÉLÉGUÉS

CANTONAUX ET COMMUNAUX

Pour la Surveillance et la Direction morale de l'Enseignement
primaire

ÉGALEMENT UTILE

AUX MAIRES, AUX MINISTRES DES DIFFÉRENTS CULTES

Contenant, outre le Mode d'Inspection pratique,

LES ARTICLES CODIFIÉS DES LOIS, DÉCRETS, ARRÊTÉS, RÈGLEMENTS,
CIRCULAIRES, ETC., QUI LES CONCERNENT,
ET LA LOI ORGANIQUE MISE AU COURANT DE LA LÉGISLATION
SUR L'ENSEIGNEMENT JUSQU'A CE JOUR

AVEC UNE TABLE INTERROGATIVE ET SYNOPTIQUE

1 volume in-18 jésus, 200 pages. — Prix : 1 franc.

Circulaire du Préfet de la Seine aux Maires.
Délégations cantonales.

Paris, le 20 avril 1872.

Monsieur le Maire,

Quelques-uns de vos Collègues m'ont demandé des
instructions sur les attributions des Délégués cantonaux; je crois ne pouvoir rien faire de mieux que de
vous signaler *le Livre des Délégués des conseils départe-
mentaux*, par M. de Beaupré, docteur en droit.

Ce livre contient toutes les dispositions légales, instructions ministérielles, circulaires, etc., qui peuvent
éclairer les délégués sur leurs fonctions.

Agréez, etc.

Le Préfet de la Seine, Membre de l'Assemblée nationale,

Pour le Préfet de la Seine et par autorisation :

L'Inspecteur général de l'Instruction publique,
Directeur de l'Enseignement primaire,

GRÉARD.

AVIS
Aux Amis de la Protection

La Société protectrice des animaux, déclarée d'utilité publique par décret impérial du 22 décembre 1860, ne limite pas son action à la stricte application de la loi-Grammont. Non-seulement elle s'efforce de prévenir les contraventions par la persuasion, mais surtout elle moralise les masses en décernant chaque année, en séance solennelle et publique, des récompenses :

1º Aux auteurs de publications utiles à la propagation de son œuvre ;

2º Aux instituteurs qui enseignent les idées protectrices ;

3º Aux inventeurs et propagateurs d'appareils propres à diminuer les souffrances des animaux ou à faciliter leur travail ;

4º Aux agents de la force publique qui ont fait respecter la loi ;

5º Enfin, à tous les propagateurs de l'œuvre, et à toute personne ayant fait preuve, à un haut degré, de justice et de compassion envers les animaux.

Les Auteurs ou Inventeurs devront envoyer, au secrétaire de la Société, rue de Lille, 19, à Paris, un exemplaire de leur œuvre, ou un modèle de leur appareil. — Les Instituteurs, un certificat du maire et de l'un des délégués cantonaux ou de l'inspecteur de l'instruction primaire. — Les Gens de service, les Bergers, les Serviteurs dans les fermes, les Conducteurs de bestiaux, les Cochers, Charretiers, Palefreniers, Garçons bouchers, fourniront : 1º un certificat de bonne vie et mœurs ; 2º une demande exposant leurs titres aux récompenses et portant la signature légalisée de deux personnes notables.

Imp. Eugène Heutte et Cie, à St-Germain.

www.ingramcontent.com/pod-product-compliance
Ingram Content Group UK Ltd.
Pitfield, Milton Keynes, MK11 3LW, UK
UKHW021727090726
13657UKWH00002B/555

9 782019 223915